JN086296

口絵

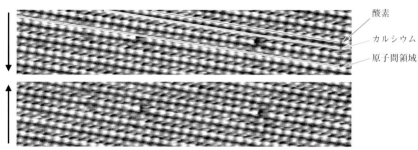

酸素
カルシウム
原子間領域

方解石（CaCO$_3$）の AFM 像【1章】

大きい白玉は酸素，小さい白玉はカルシウム。3つの黒い大きな球は，酸素が抜けた格子欠陥と考えられる。横1辺が20 nm。

オックスフォード・インストゥルメンツ株式会社提供

パシフィコ・エナジー作東メガソーラー発電所（岡山県美作市）【7章】

https://project.nikkeibp.co.jp/ms/atcl/19/feature/00001/00053/?ST=msb

（2021 年 3 月現在）
パシフィコ・エナジー株式会社提供

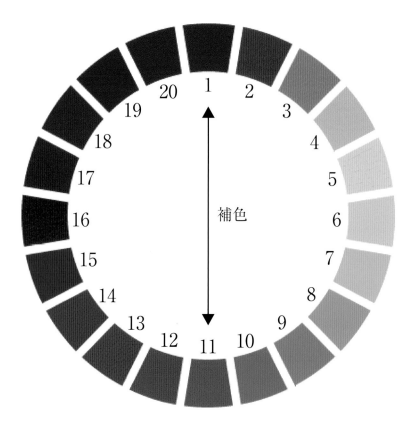

色相環。1と11，2と12など向い合う色が互いに補色【5章】

https://www.webcolordesign.net/color_basic/attribute_color/attribute_hue.html

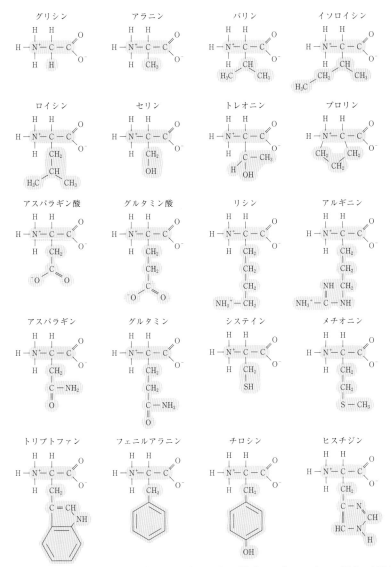

タンパク質を構成する 20 種類のアミノ酸の構造。ピンク色の部分が側鎖，黄色の部分は骨格になる部分（主鎖）。【10 章】

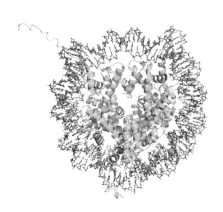

（正面）
ヒストンをリボン，DNA をスティックで表示

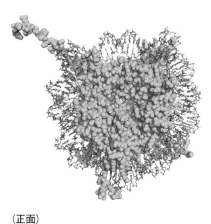

（正面）
ヒストンの原子を球，DNA をスティックで表示

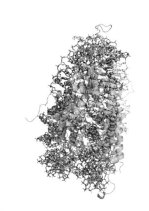

（横）
ヒストンをリボン，DNA をスティックで表示

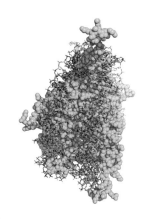

（横）
ヒストンの原子を球，DNA をスティックで表示

ヌクレオソームの分子構造【10 章】

オセルタミビル

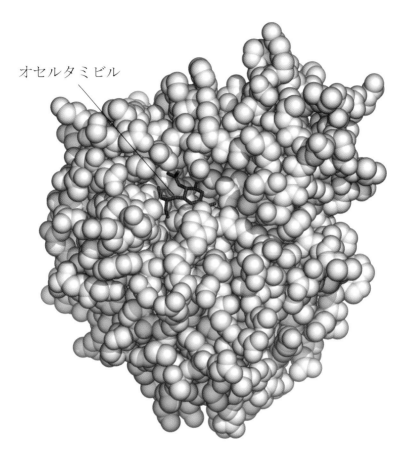

ノイラミニダーゼにオセルタミビルが結合した様子【11 章】

現代を生きるための化学

橋本健朗

（改訂版）現代を生きるための化学（'22）

©2022　橋本健朗

装丁・ブックデザイン：畑中　猛

s-71

まえがき

　本書は，放送大学「現代を生きるための化学（'22）」の印刷教材です。2018－2021年度に開講した同名の専門科目から，内容を大幅に改訂して導入科目としました。読者には，大学の化学を基礎から学ぶ意欲のある方，或いは学び直したい方を想定しています。

　現代を生きる私たちは，科学，技術研究の成果を享受しながらも，それに伴うリスクと無関係ではいられません。世界で持続可能性が叫ばれる所以でしょう。中でも化学は，様々な材料を生み出して生活を豊かにする一方，環境破壊や薬害など，社会に災厄を及ぼすこともありました。今後も日々進化するとともに，新しい社会的課題の原因にも，その解決の鍵にもなることでしょう。従って，化学の関係する現代及び未来の課題の本質を冷静に分析し，合理的に判断，選択することが極めて重要になっています。本科目では，それに必要な能力を養うため，化学の考え方の基礎を学び，化学とはどんなものかという，化学観，物質観を豊かにしていただくことを目指しました。

　化学は物質世界を解き明かす基礎研究と，その成果を活かす応用研究が表裏一体の学問です。化学者は，原子，分子に聴き，自然から化学のしくみを学びます。そしてそのしくみに基づいて，さらに環境，地球，宇宙や生命を始めとする自然を読み解くこと，新しい物質を創ることに挑戦します。

　そこで前半の第7章までは，小さくて目に見えない世界をイメージすることを心がけながら，高校までと少し違った視点で化学のしくみの理解を深めます。始めに原子分子や，結合といった化学の基盤となる概念を，それらが確立されてきた過程とともに語ります。第2章の周期表の

学習では，元素が表に並ぶ理由に迫ります。第5章では高校で習うのと同じ反応を取り上げます。なぜ2つの物質を混ぜるといつも同じ反応が起こるのか，そしてどのように反応が進むのか考えるのが目的です。前半を通じて，化学者が何を面白がり，何に苦しむのかを知ると，後半も楽しめるでしょう。

　後半の第8章から第15章では，化学のしくみを現代化学でどう活用しているか，あるいはさらに詳しく自然を知り，社会に役立てるために化学者がどんな努力をしているかを語ります。第13章はその例で，高校化学ではまず学ばない内容です。後半8章で，本書を越えてさらに学びを深めた先に，化学のフロンティアがあると伝わることを願っています。以前の科目から「化学を通じて現代を見つめる機会，私たちが生きる時代はどんな時代なのかを考える糸口にしていただきたい」いう著者らの思いは，受け継がれています。さらに放送教材では，産業面での化学の利用，広がりや社会の安全と化学の関わりを，第一線でご活躍中の方々へのインタビューを通じてお伝えします。人間の営みとしての化学，その人間臭さも感じられると思います。インタビューさせていただいた皆様に御礼申し上げます。

　印刷教材の作成では，横須賀恒夫さんが元資料の確認，また丁寧な校正で本当に力になってくださいました。放送教材では，池田亜希子さんが皆さんの理解が深まるよう，美しい声で聞き手として一役買ってくださっています。また，インタビューを含め新型コロナウイルス感染症予防に努めながらの収録はリモートとなることもあり，瀬古章プロデューサー，技術スタッフの新田健一さん，下田弘司さん，水脇学さんのご協力により進めることができました。改めて皆様にお礼を申し上げます。ありがとうございました。

令和3年10月　執筆者を代表して　　橋本　健朗

目次

1 | 実在する原子

橋本健朗

《**目標＆ポイント**》 化学とはどんな学問か考えます。原子，分子をイメージ
しましょう。
《**キーワード**》 原子，分子，原子核，電子，陽子，中性子，元素記号，同位体，
電子殻，エネルギー準位，ボーアの原子模型

1. 身近な化学

　はじめに，暮らしと化学の繋がりを考えてみましょう。たいていの衣
服は，高分子の繊維からできています。綿（コットン）や羊毛（ウール）
などの天然高分子もあれば，ポリエステルなどの合成高分子もありま
す。水になじみやすい性質は，高分子中の OH 基（ヒドロキシ基[1]）が
生み出します。OH 基を持ち，水を捕まえる性質を持つセルロースででき
きた綿は，タオルに適しています。OH 基がないポリエステルは水とは
なじまず，乾きやすいのでスポーツウェアに使われます。しわになりに
くい，抗菌性がある，蒸れない，色あせないといった機能を持つ素材を
創り出すのに化学が役立っています。
　食品が含む脂質，炭水化物，タンパク質などの多量栄養素は，生命の
材料でもあり，エネルギー源でもあります。ビタミンやミネラルなどの
微量栄養素も，体の調子を整えるのに必要です。体内で作れないので，
サプリメントで摂る人もいます。
　日本の住宅の壁紙の素材は，ほとんどが塩ビ（ポリ塩化ビニル）だそ

1）水酸基と呼ばれることもあります。

うです。紙や木材の本体であるセルロースは，グルコースがつながった高分子です。高分子が燃えて 300〜350℃ になると，原子間の結合があちこちで切れる熱分解が起こります。そうしてできた分子のカケラは不対電子（結合の手）を余していることが多く，反応性に富んだ状態，ラジカルになります。ラジカルは傍の高分子と反応しては次のラジカルを生み出し，リレーのように熱分解を進めます（連鎖反応）。塩ビも熱分解で塩素原子ラジカル（Cl・）[2]を生じますが，傍にできているラジカル炭素と結合して不対電子を失います。その結果，連鎖反応が止まり，延焼を防ぐので燃えにくいのです。

　衣食住の他にも，薬や化粧品，品種改良，肥料，空気，水，土壌の環境，電池やエネルギー，さらには犯行現場の遺留品分析といった法医学まで，様々な分野で化学が活躍しています。普段意識することはあまりありませんが，実は化学は身近なものなのですね。化学は物質世界のしくみを解き明かし，それを新しい物質の創製や，宇宙や生命などの理解に繋げて社会に還元します。基礎研究と応用研究とが一体となった科学，学問です。

2. 現代化学の中の原子，分子

（1）原子，分子は本当に存在するのか

　化学の基本中の基本は，ご存知のように全ての物質は原子や分子という微粒子からなることです。でも，人類が原子，分子の存在を確信したのは 20 世紀初頭で，高々 1 世紀ほど前と聞くと驚く人も多いのではないでしょうか。

　1827 年植物学者ブラウン（Robert Brown）は花粉を水に浮かべて顕微鏡で観察すると，花粉から飛び出した微粒子が不規則な運動をすることを見出しました（ブラウン運動）。1905 年アインシュタイン（Albert

---

2）・は，1つの不対電子を表します。

Einstein）は，顕微鏡でも見えない水分子の存在を前提に，微粒子の不規則運動は，水分子が微粒子にでたらめに衝突するせいだと考えました。そして微粒子の位置のずれ，変位を式で表しましたが，その式は気体定数の他，温度などの変数を含み，変数に実験条件で定まる数値や測定値を代入すると**アボガドロ定数**が求まる式でもありました。1908年からペラン（Jean Baptiste Perrin）は，微粒子のブラウン運動と重力による沈みが釣り合う（沈降平衡）ことを利用し，微粒子の観察からアボガドロ定数を求めるのに成功しました。その値は，全く別の方法で求めた値と一致したのです。

　原子，分子は小さすぎて，人の目ではもちろんのこと，目に見える光（可視光）を使う光学顕微鏡では見えません。人の目の分解能（物と物を分離して観察できる最小距離）は約 0.1 mm（1 mm $= 10^{-3}$ m），光学顕微鏡では約 0.2 μm（マイクロメートル，1 μm $= 10^{-6}$ m）です。原子のサイズは約 1 Å（オングストローム）$= 0.1$ nm（ナノメートル），1 nm $= 10^{-9}$ m 程度なので，可視光の波長（およそ 380〜780 nm）より小さい構造は見えないのです。20 世紀初頭から可視光以外を使う顕微鏡の開発が始まり，20 世紀後半には原子，分子が見えるようになりました。透過型電子顕微鏡（TEM）[3]は，加速した電子を薄い試料に当て回折される電子線を用い，原子サイズの構造を画像化します。原子間力顕微鏡（AFM）[4]と走査型トンネル顕微鏡（STM）[5]は，先端を数 nm に尖らせた針で物質表面を触れずになぞり，原子レベルの凹凸を画像化しています。巻頭の口絵には，方解石（$CaCO_3$）の AFM 像を示しました。大きな白丸が酸素，小さな白丸がカルシウムです。3 つの黒い大きな球は酸素が抜けた欠陥で，原子と区別できています[6]。原子が見える時代が来ていることが分かるでしょう。

3）Transmission Electron Microscope.
4）Atomic Force Microscope.
5）Scanning Tunneling Microscope.
6）測定はフレッシュな面を得るために溶液中で行われました。

　これらの顕微鏡はいずれもコンピューターをはじめ，様々な分野の先端技術が結集した成果です。21 世紀になってからもこの分野は日進月歩で，分解能も 1 nm を切るほどになっています。固体表面の原子配列や表面に載った分子だけでなく，深さを持つ 3 次元的な画像も得られています。原子配列の変化，結合の繋ぎ代えを観測したという報告もされました。

（2）原子，原子核，電子

　皆さんは，実は原子も**原子核**（atomic nucleus）と**電子**（electron）からなっていることをご存知でしょう。電子は，1897 年にトムソン（Sir Joseph John Thomson）が発見しました。また，1911 年にラザフォード（Ernest Rutherford）は，数原子分の厚さしかない金箔に $\overset{\text{アルファ}}{\alpha}$ 粒子（実はヘリウムの原子核，14 章参照）をぶつけて，α 粒子の曲がる向きを調べました。ほとんどの α 粒子は金箔をまっすぐに通り抜けましたが，ごく一部は大きく曲がり，中には手前に跳ね返るものもありました。これから導かれる結論は，小さくて重く正電荷を持つ原子核の周りに負電荷を持つ電子が取り囲んでいるということでした。

　1919 年に**陽子**（proton），1932 年に**中性子**（neutron）が発見されて，原子核がこの 2 種類の粒子から成ることが分かりました。陽子と中性子をまとめて**核子**（nucleon）と言います。水素（H）の原子核は陽子 1 つだけからなり，p や p^+ と書くこともあります。電子には e や e^- の記号を使います。陽子の質量は電子より約 1836 倍大きく，電荷は符号が違うものの絶対値は同じです[7]。水素は電子を 1 つ持ち，原子全体で正負の電荷が釣り合います。水素以外の元素の原子も同数の陽子と電子を持ち，電気的に中性です。H や He など元素の種類を表す記号を**元素記**

7）陽子の質量の記号と値は $m_p = 1.672\ 621\ 923\ 69\ (51) \times 10^{-27}$ kg，同様に電子は $m_e = 9.109\ 383\ 7015\ (28) \times 10^{-31}$ kg です（）内は最後の 2 桁の誤差です。陽子の電荷は**電気素量**や**素電荷**と呼ばれ，記号に e を使うことが多いです。値は正確に $1.602\ 176\ 634 \times 10^{-19}$ C（クーロン）です。

号といいます。陽子の数を**原子番号**といいます。原子番号は元素を特徴づけ，H が 1，ヘリウム He が 2，…という具合に，元素ごとに特有です。また，その元素の原子の電子数にも一致します。化学の主役は電子です。元素名と原子番号を一緒に伝えるときは，水素 $_1$H，炭素 $_6$C のように原子番号を元素記号の下左に添えます。水素以外の原子は，原子核に中性子を含みます。中性子の記号には，n や n^0 がよく使われます。中性子の質量は陽子より少しだけ大きく[8)]，電荷はゼロです。核子の合計数（陽子数＋中性子数）を**質量数**と言います。同じ元素でも中性子の数が違う原子は，互いに**同位体**（isotope）の関係にあると言います。それらは，周期表の同じ位置にあります。質量数も伝えたければ，元素記号の上左に添えます。元素記号を X，原子番号を Z，質量数を A で表すと，$_Z^A$X です。例えば，$_1^1$H，$_1^2$H，$_1^3$H はいずれも陽子は 1 つだけですが，**中性子**は左から 0，1，

2 個です。これらは，H-1，H-2，H-3 とも表します。$_1^1$H は重水素（Deuterium）と呼ばれ D と，$_1^3$H は三重水素（Tritium）と呼ばれ T と書くこともあります。天然に存在する炭素の 3 種の同位体は $_6^{12}$C，$_6^{13}$C，$_6^{14}$C あるいは C-12，C-13，C-14 です。

　現在化学者が持つ原子の模型の基礎は，ボーア（Niels Henrik David Bohr）が作りました（図 1-1）。1920 年代

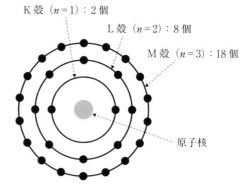

電子殻（主量子数 n）：最大収容電子数
K 殻（$n=1$）：2 個
L 殻（$n=2$）：8 個
M 殻（$n=3$）：18 個
原子核

図 1-1　原子模型
電子は同心球状の球殻（電子殻）内を運動し，電子殻のエネルギーと電子の最大収容数は決まっている。n は主量子数。

8）$m_n = 1.674\ 927\ 471\ (51) \times 10^{-27}$ kg

に発展したミクロな世界の物理学，量子力学の描く原子の姿はもう少し複雑なので，ここでは概念的なモデルと思ってください。

　原子核の周りの電子は**電子殻**という決まった球殻を占めます。いくつかの電子殻があり，半径の小さい方からK殻，L殻，M殻，N殻，O殻，P殻，Q殻です。K，L，M，…の順に$n=1$，2，3，…と番号を付け，nを**主量子数**と言います。図1-1は，K，L，M殻の原子核を含む断面と思えばよいでしょう。各電子殻には$2 \times n^2$個までの電子が収まります。この模型では，電子は特定の電子殻に入り，ある殻と別の殻の間には存在できません。このことは，原子が放出，吸収する光からわかる，「原子には，とびとびのエネルギーの状態がある」という実験事実に合致しています。量子力学によると，原子中の電子など非常に狭い空間に閉じ込められた軽い粒子のエネルギーは，離散的になります。

（3）原子と光の不思議な関係

　光は電磁波と呼ばれる波の仲間です。図1-2のように波長（λ _{ラムダ}）により分類されています。普通の波では波長と振動数（ν _{ニュー}）の間に特別な関係はありませんが，電磁波では，波長と振動数の積，つまり波の進

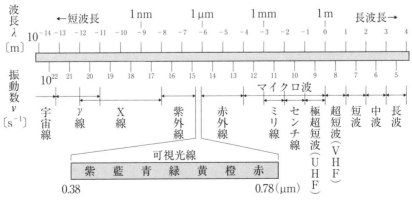

図1-2　電磁波の波長，振動数と名称

む速さは一定で光速（c）に一致します（$c=\lambda\nu$）。cの値は真空中で$3.0\times10^8\,\mathrm{ms^{-1}}$です[9]。また，光はエネルギー（$E$）の仲間で，プランク定数（$h$）を用いて$E=h\nu=h\dfrac{c}{\lambda}$と分かっています。$h$の値は$6.63\times10^{-34}\,\mathrm{Js}$です[10]。図1-2では左の宇宙線，$\overset{\text{ガンマ}}{\gamma}$線のエネルギーが高く，右に行くほど低くなります。光をプリズムに通したときの屈折の度合いは，波長により異なります。様々な波長の光が混ざった太陽光をプリズムに通すと光が分かれ（分光），七色の帯になるのをご存知だと思います（連続スペクトル）。一方，希薄な水素ガスを入れた管内で放電すると，分子の一部は分解し生成した水素原子が発光します。その光をプリズムに通すと赤（656.28 nm），青（486.13 nm），紫（434.05 nm，410.17 nm）の波長の間隔の開いた輝線が得られます（線スペクトル）。水素原子が出す可視領域の4本の輝線は，バルマー（Balmer）系列といいます。1つの原子が複数の色の光を一度に放出したのではなく，こっちの原子は赤，あっちの原子は青，別の原子は紫に光ったという具合です。重要なのは，1つ1つの水素原子は特定の波長の光だけを出すことです。このことは，図1-3のように水素原子中の電子が，半径が大きくエネルギーの高い電子殻から，小さくて低い電子殻に飛び移る際にエネルギー差分を光として放出すると考えると説明できます。より正確にはエネルギーの高い電子殻に電子が収まった状態から，低い電子殻に電子が収まった状態への乗り移りです。各状態のエネルギーを**エネルギー準位**といい，状態（準位）間の乗り移りを**遷移**と言います。遷移前は始状態，後は終状態です。例えば，水素原子の赤色の光は，始状態が主量子数$n=3$，終状態が$n=2$の遷移に対応します。エネルギーの低

---

9) 本書の範囲では，真空中と考えて差し支えありません。c_0と書くこともあり正確な値は，299 792 458 $\mathrm{ms^{-1}}$です。
10) 正確な値は，$6.62607015\times10^{-34}\,\mathrm{Js}$です。

い状態から高い状態への遷移を，**励起**と言います。状態間のエネルギー差にぴったり一致するエネルギーの光を吸収した時に起こります。原子，分子の最低エネルギー状態を**基底状態**，それより高い状態を**励起状態**と言います。励起状態はいくつもあります。

　元素が違うと同じ主量子数 n の電子殻でも，エネルギーは異なります。ストロンチウムを加熱すると，紅色を発します（炎色反応）。ストロンチウムが熱で励起状態になり，光を出してエネルギーの低い状態に遷移したということです。夏の夜空を彩る花火の色は，ナトリウム（黄色），銅（青緑），ストロンチウム（紅色），バリウム（緑）の各元素を材料とする4色が基本で，巧みに組み合わせて花火師さんが腕を競います。

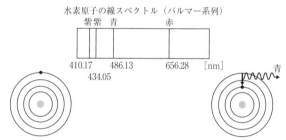

水素原子の線スペクトル（バルマー系列）

紫紫　青　　　　　　　赤

410.17　　　486.13　　　　656.28　　[nm]
434.05

②水素分子は放電で分解し，$n=3$，4，5，…の励起状態の水素原子を生成（この例は $n=4$）

③ある水素原子は $n=4$ の状態から $n=2$ の状態へ遷移し，エネルギーを青い光（波長486.13 nm）として放出

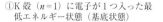

①K殻（$n=1$）に電子が1つ入った最低エネルギー状態（基底状態）

④別の水素原子は，$n=3$ の状態から $n=2$ の状態へ遷移し，エネルギーを赤い光（波長656.28 m）として放出

図1-3　ボーアの原子模型と水素原子の発光過程（可視領域）。

3. 原子論，分子論の生い立ち

（1）化学が科学になったとき

　原子の姿が明らかになる前から，原子や分子の考え方は発展してきました。表1-1の高校で習う法則をみると，ラボアジエ（Antoine Laurent Lavoisier）[11]，プルースト（Joseph Louis Proust），ドルトン

表1-1　高校化学で習う原子論，分子論の基礎となる法則

法則	提唱年	提唱者	内容
質量保存の法則	1774	ラボアジエ	化学変化の前後で物質全体の質量は変化しない。（空気とスズとを器に入れて密封し，外から熱して器の中でスズと酸素を化合させたところ，加熱前後で全体の質量が変わりませんでした。）
定比例の法則	1799	プルースト	1つの化合物をつくる成分元素の質量比は一定。（例えば水の酸素と水素の質量比は，どこの水でもいつ測っても8：1ということです。）
倍数比例の法則	1802	ドルトン	2つの元素が化合して，2種類以上の化合物をつくるとき，一方の元素の一定量と化合する他方の元素の質量の比は，簡単な整数の比となる。（3.0 gの炭素（C）と結合している酸素（O）の質量は，一酸化炭素COでは4.0 g，二酸化炭素CO_2では8.0 gで，1：2の比になっています。）
ボイル・シャルルの法則	1662・1787	ボイル・シャルル	気体の体積は圧力に反比例し，絶対温度に比例する。
気体反応の法則	1808	ゲーリュサック	気体が反応するときは，互いに反応する気体の体積や，反応でできる気体の体積の関係は，一定の温度と圧力のもとで簡単な整数の比となる。（1気圧のもと100℃以上で水素と酸素を化合させ，できた水を同じ100℃以上の温度に保つと，水素2体積と酸素1体積とから水蒸気2体積が出来ます。）
アボガドロの法則	1811	アボガドロ	同温，同圧では，すべての気体は同体積中に同数の分子を含む。

（John Dalton）の研究は「（1）全ての物質は，それ以上分割できない微粒子，すなわち原子からなる。（2）同じ元素の原子はみな等しく，一定の質量を持つ。元素が違えば原子も違う。（3）化合物は違った種類の原子が一定の割合で結合してできている。（4）化学変化では原子の集まり方が変わるが，おのおのの原子は壊れることも，新しく生まれることもない。」という**原子論**に集約できます。ボイル（Robert Boyle），シャルル（Jacques Alexandre César Charles），ゲーリュサック（Joseph Louis Gay-Lussac），アボガドロ（Amedeo Avogadro）の研究で，「（5）物質の性質は，原子が集まった分子が決める」という**分子論**が生まれました。アインシュタインのブラウン運動の理論より100年ほど前です。見えないものを司る法則を見つけ出すのですから，何を測るかとともに，どんな装置や器具で測るかも含めて考えねばならない，真に知的な営みであったはずです。ラボアジエが質量保存の法則を見出せたのは，気体を逃がさず，また気体の質量が測れるほどの正確な天秤を用いたからです。質量変化に基づいた首尾一貫した論理が，化学を厳密な科学にしました。

ドルトンは，世界で最初の原子量表を作ったという意味でも重要人物です（図1-4）。その

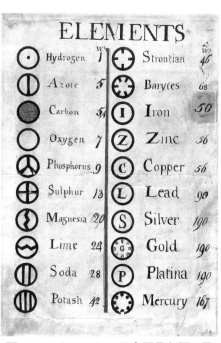

図1-4　ドルトンの元素記号と原子量

11）ラボアジエが亡くなったのは，フランス革命の最中の1794年です。彼自身旧制度の象徴である徴税請負人であったこともあり，民衆から革命の標的にされギロチンでなくなるという，悲劇の死を迎えています。

後ベルセリウス（Jöns Jacob Berzelius）は，1826年に精密な原子量表を発表しました。ラボアジエ，ドルトン，ベルセリウスの活躍で，化学が定量的な学問になりました。この3人は，命名法と表記法の導入にも貢献しました。ラボアジエは，塩化ナトリウム，硫酸銅といった無機化合物の命名法を整備しました。有機化学でも，立体化学の進歩に伴い化合物の命名法が充実していきました。ドルトンの原子量表には，元素記号も見られます。錬金術のころは，人に知られないように元素は「暗号」で記されたので，様変わりです。その後，ベルセリウスは現在に通じるアルファベットによる元素記号を提唱ました。「共通語」が整うことは重要です。命名法や表記法が整うことで，科学の進歩は加速されます。

（2）原子，分子と真空

　人類が頭の中で原子を考えたのは，古代ギリシャの時代まで遡ります。哲学者デモクリトス（Democritus，前460頃 – 前370頃）は，あらゆるものはそれ以上分割できない極小のもの，atomからできていると唱えました。ギリシャ語でaは否定詞，tomは「分ける」を意味します[12]。デモクリトスからドルトンまで2000年以上かかっています。一方，アリストテレス（Aristotelēs，前384 – 前322）はatomを否定し，「自然は真空を嫌う」と主張しました。atomの存在を認めると，その間に何もない空間，つまり真空があることになってしまいます。

　時代は17世紀まで下り，実験で真空が創り出されます。トリチェリ（Evangelista Torricelli）は，一方の端を塞いだ長いガラス管に水銀を満たし，水銀の入っている容器に逆さまに立てると，図1-5のように管内の水銀は容器の水銀面からおよそ76 cmの高さで釣り合うことを

---

12) デモクリトスの原子はいうなればミニチュアです。つまり，あなたは小さいあなたの集まり。でも，言い換えると現在の分子に近くはっきりとした形とそれに応じた機能を持っていました。葡萄酒の原子は丸くてのどに引っかからないといった具合です。現代化学でも分子の構造と機能には密接な関係がありますから，デモクリトスの思想は実験で裏打ちされていないものの，現代化学を先取りしているようです。

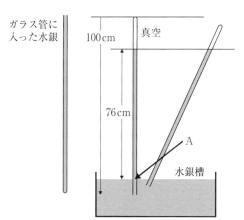

ガラス管に
入った水銀

100 cm　　真空

76 cm

A

水銀槽

図1-5　トリチェリの真空。100 cm のガラス管に水銀を満たして水銀槽に
　　　　逆さまに立てる。A 点を水銀が押す圧力と大気圧が釣り合い，水銀
　　　　中の高さは 76 cm になる。水銀柱の上部は真空になる。（水銀柱を
　　　　傾けても水銀柱の高さは変わらない。）

見つけました。ガラス管内の点 A の圧力が水銀面を押す大気圧と等し
くなるためです。ガラス管の上部は，何もない真空になります。真空が
見えたわけです。アリストテレスの言う通り，原子，分子があればその
間に真空の隙間があります。空気も水も実は非連続ということになりま
す。見積り方にもよりますが，水分子は決まった大きさを持ち，それを
もとに計算すると液体の水の実に 60％近くが真空だと分かります。さっ
きコップから飲んだ水，あれ実はスカスカです。

問題1　身の回りにある化学の具体例を挙げなさい。

問題2　酸素には3種類の同位体 ^{16}O, ^{17}O, ^{18}O が存在する。それぞれ陽子，中性子，電子の数はいくつか。

問題3　アボガドロ定数とは，物質の量1 mol（モル）を構成する粒子の個数を示す定数です。2019年5月20日以降その値は正確に $6.02214076 \times 10^{23}$ と定義されました。10^{23} の桁違いの凄さを感じましょう。現在の宇宙年齢は138億年と言われています。秒で表してください。

2 | 逆さまな周期表

橋本健朗

《**目標＆ポイント**》　周期表のしくみを読み解きましょう。原子の電子配置が，周期律，化学の多様性と秩序の源泉であることを学びます。

《**キーワード**》　元素，周期律，周期表，電子配置，最外殻，副殻，原子軌道，スピン，構成原理

1．周期律と周期表の謎

（1）元素発見の歴史

　前章で登場したボイルの法則のボイルは，1661年に著した「懐疑的化学者」[1]の中で，元素を物質の構成要素で分析によりそれ以上分割できないものと定義しています。まだ，原子はデモクリトスの atom の時代です。現代では，原子は実体があり1つ2つと数えられる物質を構成する基本単位と言えます。一方，**元素**は性質を表す抽象的な概念で，化学的に同じ性質を持つ原子の集合[2]を指します。一種類の元素とは言いますが，一粒の元素とは言いません。原子番号で元素は特定できるので[3]，一種類の原子と言えば一種類の元素の原子の意味です。例えば $^{12}_{6}C$，$^{13}_{6}C$，$^{14}_{6}C$ の原子は中性子数は違いますが，元素（の種類）はどれも炭素です。

1）アリストテレスへの反抗はボイルにも引き継がれています。この書は，科学史的にも重要です。「懐疑的」は実験で証明されていないことは，どんな権威が述べたことでもまず疑ってかかれという主張の表れです。
2）単体であることを指すのはありません。
3）その意味で，元素番号の方が相応しいとも言えます。

　ラボアジエは，1789 年に代表的著書「化学要論」の中で 33 種の元素の表を示しました。彼の表には，古代から知られていた金，銀，銅，鉄などの金属に，発見されたばかりの水素，窒素，酸素が含まれていました。さらに，当時単離されていなかったフッ素や塩素も元素の候補に挙げられています。一方，光と熱も元素とされました。物質と，物質の関与する現象が十分に区別できなかったことがうかがわれます。

　これまでに 118 種類の元素[4]が知られています。表 2 - 1 に元素を発

表 2 - 1　元素の発見年代

古代	金 (Au)	銀 (Ag)	銅 (Cu)	水銀 (Hg)	炭素 (C)
	スズ (Sn)	鉛 (Pb)	イオウ (S)	鉄 (Fe)	アンチモン (Sb)
中世	ヒ素 (As)	亜鉛 (Zn)	ビスマス (Bi)	リン (P)	白金 (Pt)
18 世紀 (前半)	コバルト (Co)	ニッケル (Ni)			
18 世紀 (後半)	窒素 (N)	マンガン (Mn)	酸素 (O)	塩素 (Cl)	水素 (H)
	モリブデン (Mo)	テルル (Te)	タングステン (W)	ウラン (U)	ジルコニウム (Zr)
	イットリウム (Y)	チタン (Ti)	クロム (Cr)		
19 世紀 (前半)	タンタル (Ta)	パラジウム (Pd)	オスミウム (Os)	セリウム (Ce)	ロジウム (Rh)
	イリジウム (Ir)	ナトリウム (Na)	カリウム (K)	ホウ素 (B)	アルミニウム (Al)
	カルシウム (Ca)	ストロンチウム (Sr)	バリウム (Ba)	マグネシウム (Mg)	ヨウ素 (I)
	リチウム (Li)	カドミウム (Cd)	セレン (Se)	ケイ素 (Si)	臭素 (Br)
	トリウム (Th)	ベリリウム (Be)	ルテニウム (Ru)	バナジウム (V)	ランタン (La)
	エルビウム (Er)	テルビウム (Tb)			

次頁に続く

4 ）2021 年 2 月現在。

19 世紀 (後半)	セシウム (Cs)	ルビジウム (Rb)	タリウム (Tl)	インジウム (In)	ニオブ (Nb)
	ヘリウム (He)	ガリウム (Ga)	イッテルビウム (Yb)	ガドリニウム (Gd)	スカンジウム (Sc)
	サマリウム (Sm)	ホルミウム (Ho)	ツリウム (Tm)	ゲルマニウム (Ge)	プラセオジム (Pr)
	ネオジム (Nd)	フッ素 (F)	ジスプロシウム (Dy)	アルゴン (Ar)	ユウロピウム (Eu)
	クリプトン (Kr)	ネオン (Ne)	キセノン (Xe)	ポロニウム (Po)	ラジウム (Ra)
	アクチニウム (Ac)				
20 世紀 (前半)	ラドン (Rn)	ルテチウム (Lu)	プロトアクチ ニウム（Pa)	ハフニウム (Hf)	レニウム (Re)
	テクネチウム (Tc)	フランシウム (Fr)	ネプツニウム (Np)	プルトニウム (Pu)	アスタチン (At)
	キュリウム (Cm)	アメリシウム (Am)	プロメチウム (Pm)	バークリウム (Bk)	
20 世紀 (後半)	カリホルニウム (Cf)	アインスタイニウム (Es)	フェルミウム (Fm)	メンデレビウム (Md)	ノーベリウム (No)
	ローレンシウム (Lr)	ラザホージウム (Rf)	ドブニウム (Db)	シーボーギウム (Sg)	ボーリウム (Bh)
	マイトネリウム (Mt)	ハッシウム (Hs)	ダームスタチウム (Ds)	レントゲニウム (Rg)	コペルニシウム (Cn)
21 世紀	ニホニウム (Nh)	モスコビウム (Mc)	リバモリウム (Lv)	テネシン (Ts)	オガネソン (Og)
	フレロビウム (Fl)				

（桜井弘編，「元素 118 の新知識 引いて重宝，読んでおもしろい，講談社，2017 年」を元に作成，資料により年代が異なる元素もある。同じ元素の発見と単離の時期が異なることもある。）

(2021 年 2 月現在)

見された年代で整理しました。19 世紀に入るころから，増えています。吹管と呼ばれる炎を吹き付ける管などが工夫され高温が得られるようになると鉱物を分解しやすくなり，新元素を取り出しやすくなりました。1800 年には電池が発明され，金属の塩[5]や酸化物を高温にして融解し

5）酸と塩基との反応によって生ずる物質。食塩（NaCl）など。

水のない状態で電気分解（融解電解）することで，カリウムやナトリウムなどが単離されました。1860年代から分光法で，セシウム，ルビジウムなどが発見されます。原子が出す特定の波長の光は，元素を特定する指紋になります。元素ごとに波長が違うので，試料の出す光の波長がそれまで知られていなければ，新元素というわけです。19世紀の終わりから，マリ・キュリー（Marie Curie）らによる放射線を出す元素の発見が相次ぎました。またX線が見つかったことで，20世紀に入ると新元素の発見が進みました。さらに，第二次世界大戦の時期に原子炉が作られるようになり，元素が人工的に作られ始めます。

（2）元素の分類

　デーベライナー（Johann Wolfgang Döbereiner）は，1824年に発見された臭素が，既知の塩素，ヨウ素との間の原子量を持ち，性質が似ていることに気づきました。他にもカルシウム，ストロンチウム，バリウムといった3つ組み元素を発見し，元素を分類，整理しようという機運を創り出しました。1862年には，ド・シャンクルトワ（Alexandre-Émile Béguyer De Chancourtois）は，元素を原子量の順に1列にしらせん状にすると，よく似た性質を示す元素が縦に並ぶようにできることを発見しました。1863年にニューランズ（John Alexander Reina Newlands）は原子量の順に元素を並べた表を作成し，1868年には性質の似た元素が7元素間隔で現れるというオクターブの法則を提唱しました。**周期律**の考えに繋がっています。

　現在の**周期表**の元を作ったのは，メンデレーエフ（Dmitrij Ivanovich Mendeleev）です。1869年にロシア語で発表され，幾度か改編されています。彼は当時知られていた63種の元素を並べる際に原子量を重視する一方で，原子価も参照しました。それで，原子量128のテルルを

127 のヨウ素の前に置きました。原子価は今ではある原子が他の原子と結合するときに相手に与える，あるいは受け取る電子の数とも定義できます。当時はまだ，化学結合の概念がない，あるいは未成熟な時代でしたが，彼の頭の中にはあったのかも知れません。メンデレーエフは未発見元素も予想し，1871 年には，エカ・アルミニウム（現在のガリウム），エカ・ホウ素（スカンジウム），エカ・ケイ素（ゲルマニウム）を予想しました。そして，周期性は原子量だけでなく様々な物理的，化学的性質にも及ぶと考え，未発見元素の化合物，例えば酸化物の比重や化学式などを予想し的中させています。こうして，彼の周期表は信頼されるようになりました。

　現在の周期表では，元素は原子番号の順に並んでいます。メンデレーエフ以降も，しばらく原子番号はただ原子量の順に元素を並べたときの順番でしたから，新元素が発見されれば番号がずれる可能性もありました。1895 年にレントゲン（Wilhelm Conrad Röntgen）により発見されたX線は，新元素の発見や周期表で並ぶ位置の確定に重要でした。1913 年イギリスのモーズリー（Henry Gwyn Jeffreys Moseley）は，X線があたった金属からその金属固有の振動数の特性X線が放出されること，さらにその固有の振動数の平方根が，金属の原子番号に正比例することを見つけました。このモーズリーの法則から，原子番号が元素固有の性質に基づく数であると分かります。後に明らかになった原子核の構造に依れば，各原子核の持つ陽子の数です。現在ランタノイドと呼ばれる元素群は性質が互いによく似ていてそれまでは区別が難しかったのですが，原子番号の違いを反映する特性X線で明確に区別することができました。周期律の発見や周期表が整備されたことによって，実験，経験を積み重ねて発展してきた化学が，予言力をもつ，理論的なものに育ち始めました。

（3）本質的な問いは何でしょうか

表2-2は現在広く用いられている**元素の周期表**です。元素を<u>原子番号の順</u>に並べた7行18列の表です。行を**周期**といい，上から第1周期，第2周期，…，第7周期です。列は**族**といい，左から1族，2族，一番右が18族です。例えば，炭素（C）は，第2周期，14族の元素です。

周期表の上の段にはすき間があり，窪んでいます。第1周期は2～17族のマスが，第2，3周期は3～12族のマスが空いています。一方，第6，7周期の3族のマスでは収まりきれなくて，ランタノイド，アクチ

表2-2　元素の周期表

	1	2	3	4	5	6	7	8	9
1	₁H 水素								
2	₃Li リチウム	₄Be ベリリウム							
3	₁₁Na ナトリウム	₁₂Mg マグネシウム							
4	₁₉K カリウム	₂₀Ca カルシウム	₂₁Sc スカンジウム	₂₂Ti チタン	₂₃V バナジウム	₂₄Cr クロム	₂₅Mn マンガン	₂₆Fe 鉄	₂₇Co コバルト
5	₃₇Rb ルビジウム	₃₈Sr ストロンチウム	₃₉Y イットリウム	₄₀Zr ジルコニウム	₄₁Nb ニオブ	₄₂Mo モリブデン	₄₃Tc テクネチウム	₄₄Ru ルテニウム	₄₅Rh ロジウム
6	₅₅Cs セシウム	₅₆Ba バリウム	La	₇₂Hf ハフニウム	₇₃Ta タンタル	₇₄W タングステン	₇₅Re レニウム	₇₆Os オスミウム	₇₇Ir イリジウム
7	₈₇Fr フランシウム	₈₈Ra ラジウム	Ac	₁₀₄Rf ラザホージウム	₁₀₅Db ドブニウム	₁₀₆Sg シーボーギウム	₁₀₇Bh ボーリウム	₁₀₈Hs ハッシウム	₁₀₉Mt マイトネリウム

La ランタノイド	₅₇La ランタン	₅₈Ce セリウム	₅₉Pr プラセオジム	₆₀Nd ネオジム	₆₁Pm プロメチウム	₆₂Sm サマリウム
Ac アクチノイド	₈₉Ac アクチニウム	₉₀Th トリウム	₉₁Pa プロトアクチニウム	₉₂U ウラン	₉₃Np ネプツニウム	₉₄Pu プルトニウム

ノイドとしてそれぞれ 15 種類の元素が別の段に示されています。なぜ，上段に窪みがあったり，はみ出したりしているのでしょうか。

　元素を原子番号の順に並べると性質が次第に変わり，しかもよく似た性質の元素が周期的に現れます。**元素の周期律**といいます。炭素やケイ素（Si）のように同じ族の元素は互いに性質が似ています。同族の元素の性質はなぜ似ているのか。なぜ周期律が存在するのか。これこそがより本質的な問いのはずですが，メンデレーエフは答えませんでした。20世紀になって明らかになった，原子中の電子の配置が鍵だったのです。

10	11	12	13	14	15	16	17	18
								$_2$He ヘリウム
			$_5$B ホウ素	$_6$C 炭素	$_7$N 窒素	$_8$O 酸素	$_9$F フッ素	$_{10}$Ne ネオン
			$_{13}$Al アルミニウム	$_{14}$Si ケイ素	$_{15}$P リン	$_{16}$S イオウ	$_{17}$Cl 塩素	$_{18}$Ar アルゴン
$_{28}$Ni ニッケル	$_{29}$Cu 銅	$_{30}$Zn 亜鉛	$_{31}$Ga ガリウム	$_{32}$Ge ゲルマニウム	$_{33}$As ヒ素	$_{34}$Se セレン	$_{35}$Br 臭素	$_{36}$Kr クリプトン
$_{46}$Pd パラジウム	$_{47}$Ag 銀	$_{48}$Cd カドミウム	$_{49}$In インジウム	$_{50}$Sn スズ	$_{51}$Sb アンチモン	$_{52}$Te テルル	$_{53}$I ヨウ素	$_{54}$Xe キセノン
$_{78}$Pt 白金	$_{79}$Au 金	$_{80}$Hg 水銀	$_{81}$Tl タリウム	$_{82}$Pb 鉛	$_{83}$Bi ビスマス	$_{84}$Po ポロニウム	$_{85}$At アスタチン	$_{86}$Rn ラドン
$_{110}$Ds ダームスタチウム	$_{111}$Rg レントゲニウム	$_{112}$Cn コペルニシウム	$_{113}$Nh ニホニウム	$_{114}$Fl フレロビウム	$_{115}$Mc モスコビウム	$_{116}$Lv リバモリウム	$_{117}$Ts テネシン	$_{118}$Og オガネソン

$_{63}$Eu ユウロピウム	$_{64}$Gd ガドリニウム	$_{65}$Tb テルビウム	$_{66}$Dy ジスプロシウム	$_{67}$Ho ホルミウム	$_{68}$Er エルビウム	$_{69}$Tm ツリウム	$_{70}$Yb イッテルビウム	$_{71}$Lu ルテチウム
$_{95}$Am アメリシウム	$_{96}$Cm キュリウム	$_{97}$Bk バークリウム	$_{98}$Cf カリホルニウム	$_{99}$Es アインスタイニウム	$_{110}$Fm フェルミウム	$_{101}$Md メンデレビウム	$_{102}$No ノーベリウム	$_{103}$Lr ローレンシウム

2. 構成原理

（1）電子殻と原子軌道

　図2-1は，電子殻に相当する同心円上に電子を黒丸で表した**電子配置図**[6]です。K殻の電子の定員は2個でしたから，全部で6個の電子を持つ炭素では，K殻に2個，残り4個はL殻に配置されます。電子が配置される一番外側の電子殻を**最外殻**，それより内側の電子殻を**内殻**といいます。炭素ではL殻が最外殻，K殻が内殻です。

　電子殻はs軌道，p軌道，d軌道，f軌道からなる**副殻**に分かれています。これらの軌道はまとめて**原子軌道**といいます。K殻には1s軌道だけ，L殻には2s軌道と2p軌道，M殻には3s，3p，3d軌道，N殻には…と続きます。軌道名の最初の数字は，所属する電子殻の主量子数です。詳しくは次章で述べますが，主量子数ごとにs軌道は1種類，p軌道は3種類，d軌道は5種類，f軌道は7種類あります。

（2）電子配置を組み立てる

　正の電荷を持つ原子核と負の電荷を持つ電子は，互いに引き合います。原子核に近い電子ほど，エネルギーが低く安定です。多電子原子で

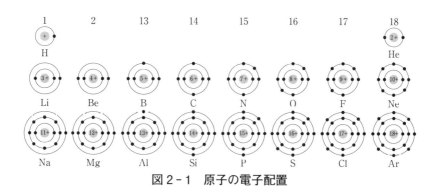

図2-1　原子の電子配置

6）この図はボーアの原子模型を基礎にしていますが，ボーア自身は水素原子についての模型を建てただけです。

は，電子は互いに反発しあい，また原子核の正電荷を遮りあいます。さら量子力学的効果も加わって，軌道のエネルギー（**軌道エネルギー**）は決まっています。まず大事なのは，

$$1s < 2s < 2p < 3s < 3p \tag{2.1}$$

です。3つの2p軌道のエネルギーは等しくなります。2p軌道は3重に**縮重**しているといいます。同様に3p軌道も3重に縮重しています。

　さて電子は自転に相当する**スピン**も持つことが分かっています。図2-2のように上向き矢印でαスピン（upスピン），下向きでβスピン（downスピン）の電子を表します。

　原子軌道は電子が入る箱に見立てられます。電子を軌道に詰める，あるいは電子が軌道を**占有**するといいます。図2-3は，水素（H）から

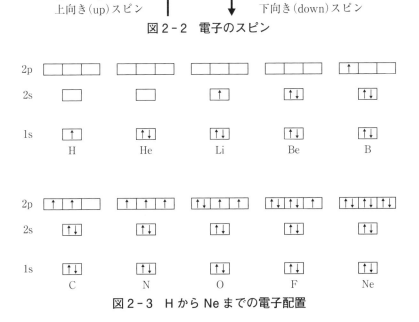

αスピン，
上向き(up)スピン

βスピン，
下向き(down)スピン

図2-2　電子のスピン

図2-3　HからNeまでの電子配置

ネオン（Ne）まで，スピンを考慮して原子軌道に電子を配置した図です。

電子はエネルギーの低い軌道から詰まります（規則1）。各原子軌道は最大2個まで互いに逆スピンの電子に占有されます（規則2，**パウリの排他原理**）。規則1と2はHeで確認できます。2つの電子は両方とも一番エネルギーの低い1sを占有し，スピンは逆向きです。これで，K殻は電子でいっぱいになりました。このような時，**閉殻**と言います。リチウム（Li）の3つ目の電子は2sに，ベリリウム（Be）の3，4番目の電子も逆向きのスピンで2sに詰まります[7]。Beで2sの副殻が閉殻になります。ホウ素（B）の5番目の電子は，3つの2p軌道のうちの1つに入ります。炭素（C）では，3つの2p軌道のうちの2つに電子が詰まります。電子が縮重した軌道を占有する場合は，できるだけスピンを揃えて異なる軌道にバラバラに配置されます（規則3，**フントの規則**）。この規則により窒素（N）の3つの2p軌道は，αスピンの電子1つずつに占有されます。酸素（O），フッ素（F），ネオン（Ne）では，2pに先客の電子とは逆スピンで詰まっていきます。NeでL殻が閉殻になります。規則1～3をまとめて**構成原理**といいます。

同じ考え方で，第三周期の元素（Na～Ar）の電子配置も分かります。図2−4に，14族の炭素とケイ素及び16族の酸素とイオウ（S）の電子配置を示しました。最外殻はL殻（$n=2$）とM殻（$n=3$）ですが，主量子数（n）の違いを除けば，同じ電子配置になっています。最外殻の電子は，化学結合や反応などで主役となり，元素の化学的性質を特徴づけます。その配置の共通性が，同族元素の類似性の原因なのです。

原子番号の大きな原子は4p，5p，6p軌道，3d，4d，5d軌道や4f，5f軌道も電子に占有されます。主量子数ごとにd軌道は5重に，f軌道は7重に縮重しています。

7）全部の電子のスピンを反転（↑を↓に，↓を↑に）しても良いですが，本書ではまず↑（αスピンの電子）を描くこととします。

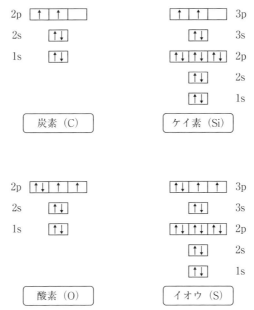

図 2 - 4　14 族の炭素とケイ素，16 族の酸素とイオウの電子配置の比較

3.　周期表のしくみ

　原子軌道の箱が α スピンと β スピンの小部屋に分かれているとして，それを占有する電子を黒丸（●）で描いても，原子の電子配置は示せます。例えば，図 2 - 5 はスピンを考慮した小箱での H〜C の電子配置を表します。Li と Be の 1s，B と C の 1s と 2s は略しました。図には描いてはいませんが，N は 3 つの 2p の α の小箱が●で埋ります。さらに O では，3 つ 2p の β の小箱のうちの 1 つに●が入ります。そこで電子に占有される最後の小箱に H から Ne までの元素記号を入れてみます。すると図 2 - 6 のようになります。2p の部分を見ると，B，O，C，F，N，

34

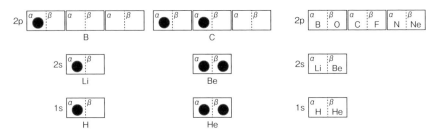

図2-5 スピンを考慮した電子収容箱と
電子を黒丸で表した最外殻軌道
の電子配置図

図2-6 スピンを考慮して
各原子のどの軌道
まで電子が詰まる
かを表す図

Ne になって周期表での並びとは少し違います。小箱が $\alpha\beta\alpha\beta\alpha\beta$ の順だからです。しかし，規則3（フントの規則）を考慮して2p軌道の α の小箱を先に並べて $\alpha\alpha\alpha\beta\beta\beta$ にすれば，B，C，N，O，F，Ne が得られます。この並び替えは難しくないでしょう。

この方針で，全ての元素を並べてみましょう。ただし注意点があります。軌道エネルギーが式（2.1）から先は，

$$3p < 4s < 3d < 4p < 5s < 4d < 5p < \cdots \tag{2.2}$$

の順となり，3pの次が3dではなくて4sなど，主量子数の異なる軌道のエネルギーの順番が入れ替わります。理論的裏付けがあるのですが，深入りせずに，ここでは図2-7の矢印を辿れば電子が詰まる順が得られるとしておきましょう。**マーデルングの規則**と言います。④の矢印を辿ると，3pの次が4sになっていることを確認してください。次は⑤に移って，3d，4p，

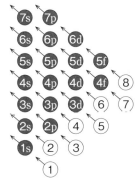

図2-7 マーデルング
の規則

5s, さらに⑥に移って 4d, 5p, 6s の順です。図 2-8 にこれまでの内容をまとめた結果を示しました。M 殻の 3d より先に N 殻の 4s に電子が詰まります。カリウム（$_{19}$K）とカルシウム（$_{20}$Ca）です。その後, スカンジウム（$_{21}$Sc）から 3d に電子が詰まります。亜鉛（$_{30}$Zn）で 3d の副殻が満員, 閉殻になるとガリウム（$_{31}$Ga）から 4p に電子が詰まります。13 族は p 軌道の副殻に電子が詰まり始める元素です。以上の規則は, さらに原子番号の大きな元素にも当てはまります。3 族は, d 軌道の副殻が埋まり始める元素群だと分かります。そして, ランタノイドは 4f 軌道, アクチノイドは 5f 軌道を電子が占有する元素たちです。

　さて, 図 2-8 は周期表を上下逆さまにしたように見えませんか。実際, 上下逆転周期表も提案されています。電子に占有される軌道を図に入れてみると, 構成原理, 電子配置が組みあがってくる様子も分かりやすいのではないでしょうか[8]。

　さて, いつもの周期表に戻りましょう。周期は電子殻の主量子数の順です。族は, 最外殻の主量子数は異なりますが, 原子軌道の占有のされ方, 電子配置が同じ元素が並んでいます。族の理解には副殻が重要です。1, 2 族で s 軌道に電子が詰まります。13 族から p 軌道が電子に占有される元素が並んでいます。第 3 周期までの窪みは, 第 4 周期以降の d 軌道の副殻に電子が詰まる元素を 3 族から 12 族に配置しているからです。第 6, 7 周期の 3 族の位置はランタノイド（La）, アクチノイド（Ac）が占めています。この位置には本来 5d に電子が詰まるルテチウム（$_{71}$Lu）と 6d に電子が詰まるローレンシウム（$_{103}$Lr）が来そうですが, その前に 4f 軌道を電子が占有するランタン（$_{57}$La）からイットリビウム（$_{70}$Yb）までの 14 元素と, 5f に電子が詰まるアクチニウム（$_{89}$Ac）

---

[8]　He は 1s の副殻が閉殻で, Ne, Ar 以降は np 軌道の副殻が閉殻なので, He は図 2-8 のように 2 族にしてもよさそうですね。そう主張する人もいます。ちなみに Be や Mg など, ns が閉殻な 2 族の元素も 2 原子で分子を作りません。He$_2$ができないのと同じです（3 章）。He も含め 18 族は, 発見の歴史, 化学的重要な反応性の乏しさ（不活性性）が類似しています。

36

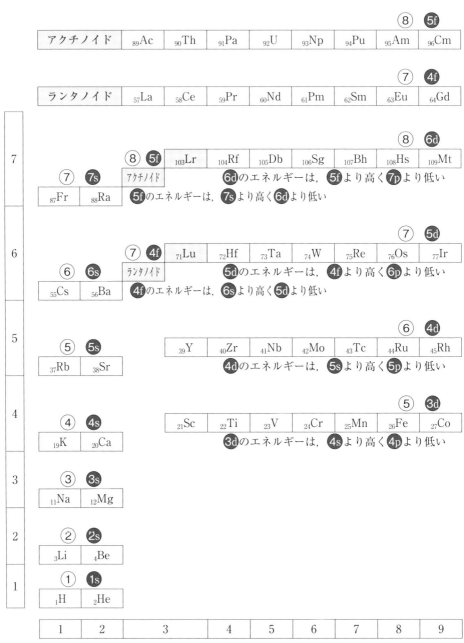

図 2-8　構成原理とマーデルングの規則を元にした電子配置順に元素を並べた図

$_{97}$Bk	$_{98}$Cf	$_{99}$Es	$_{110}$Fm	$_{101}$Md	$_{102}$No	$_{103}$Lr

$_{65}$Tb	$_{66}$Dy	$_{67}$Ho	$_{68}$Er	$_{69}$Tm	$_{70}$Yb	$_{71}$Lu

⑧ ⑦p

		$_{113}$Nh	$_{114}$Fl	$_{115}$Mc	$_{116}$Lv	$_{117}$Ts	$_{118}$Og
$_{110}$Ds	$_{111}$Rg	$_{112}$Cn					

⑦ ⑥p

		$_{81}$Tl	$_{82}$Pb	$_{83}$Bi	$_{84}$Po	$_{85}$At	$_{86}$Rn
$_{78}$Pt	$_{79}$Au	$_{80}$Hg					

⑥ ⑤p

		$_{49}$In	$_{50}$Sn	$_{51}$Sb	$_{52}$Te	$_{53}$I	$_{54}$Xe
$_{46}$Pd	$_{47}$Ag	$_{48}$Cd					

⑤ ④p

		$_{31}$Ga	$_{32}$Ge	$_{33}$As	$_{34}$Se	$_{35}$Br	$_{36}$Kr
$_{28}$Ni	$_{29}$Cu	$_{30}$Zn					

④ ③p

$_{13}$Al	$_{14}$Si	$_{15}$P	$_{16}$S	$_{17}$Cl	$_{18}$Ar

③ ②p

$_{5}$B	$_{6}$C	$_{7}$N	$_{8}$O	$_{9}$F	$_{10}$Ne

フントの規則に従って軌道に電子が詰まる

10	11	12	13	14	15	16	17	18

（逆さまな周期表）。①～⑧は，図 2 - 7 で各原子軌道を通る矢印の番号

からノーベリウム（$_{102}$No）までの 14 元素が並んでいるのです[9]。

　周期表は元素記号をラベルにして，原子の電子配置の順に元素を並べた表と言えます。構成原理に従って，次々と電子配置が生まれることが，化学の秩序と多様性の源泉になっています。電子配置を個性とする原子が出合うことで，結合や反応といった化学が起こるのです。

　最後に一言。きっとどこかにいる宇宙人も原子の指紋，原子の出す光を知っています[10]。そして，原子の構造と電子配置に基づいて，光の主の元素を特定しているでしょう。逆さまな周期表を使っているかもしれません。地球も宇宙全体も，ともに元素の織り成す世界です。植物や動物も，互いに似ているものを同じ仲間に分類します[11]。他の星の生物は姿形も遺伝子も地球のものとはきっと違うでしょうから，分類も我々のものとは違うでしょうね。でも，元素は地球と変わりません。宇宙人の元素記号が私たち地球の人類のものと違っても，周期律，電子配置は宇宙共通語のはずです。さすが，化学。しびれます。

9）厳密なことを言うと，少数ですがマーデルングの規則に従わない元素や不規則に原子の電子配置が変化する箇所もあります。また実験的に電子配置がよく解っていない元素もあります。

10）恒星が光っているのは，原子核の反応によります。ここでは，生物がすむ地球以外の星や星間空間にも地球と同じ元素でできた物質があるということです。

11）近年では分類に DNA（10 章）も使います。そこにも化学が役立っています。

練習問題と課題

問題 1　（1）周期律に関する本質的な問いは何でしょうか。

（2）以下を，説明しなさい。

(a) 周期律　　(b) 電子殻　　(c) パウリの原理

(d) フントの規則

（3）周期表の第 1 周期の 2 族から，17 族まで，また第 2，第 3 周期の 3 族から 12 族までにすき間があるのは何故ですか。

（4）化学の多様性と秩序の源泉は，何でしょうか。

問題 2　（1）図 2-5 にならって，N の電子配置を小箱と●で描きなさい。

（2）ホ ウ 素（B）の 電 子 配 置 は $(1s)^2(2s)^2(2p)^1$，フッ 素（F）は $(1s)^2(2s)^2(2p)^5$ と表すこともできます[12]。カッコ内は原子軌道で，右肩の数字は軌道を占有する電子の数です。これにならい，以下の原子の電子配置を記しなさい。

(a) Li と Na　　(b) N と P　　(c) Ne と Ar

（3）イオンの電子配置も原子と同じ考え方で得られます。図 2-3，2-4 に倣って，O^+，F^- の電子配置を図で表しなさい。

問題 3　3p，3d，4s，4p，4d 軌道が占有され始める元素の元素名と元素記号を答えなさい。

---

12) 内殻の電子配置は，前周期の 18 族原子の電子配置と同じです。例えば，B の電子配置 $(1s)^2(2s)^2(2p)^1$ は，$[He](2s)^2(2p)^1$ と表すこともあります。

3 | 並ぶイオン・繋がる原子

橋本健朗

《**目標＆ポイント**》 新しい物質を生み出すには，化学結合，すなわち原子が結びついたり離れたりする仕組みの理解が欠かせません。伝統的な考え方を踏まえたうえで，現代化学が描く化学結合の姿を学びましょう。
《**キーワード**》 金属結合，イオン結合，共有結合，オクテット則，分子軌道，結合性軌道，反結合性軌道，軌道相互作用，極性，電気陰性度

1. 伝統的な化学結合論

（1）金属結合とイオン結合

元素を金属か否かで分けると，図3-1のようにほとんどが金属です。これらは日常的な温度と圧力では固体で，水銀（Hg）だけ液体です。単体[1]で気体なのは，単原子分子の18族（貴ガス[2]）と N_2 などの二原子分子になる窒素，酸素，フッ素，塩素です。臭素とヨウ素も二原子分

	1	2	3	4	5	6	7	8	9
1	$_1$H								
2	$_3$Li	$_4$Be							
3	$_{11}$Na	$_{12}$Mg							
4	$_{19}$K	$_{20}$Ca	$_{21}$Sc	$_{22}$Ti	$_{23}$V	$_{24}$Cr	$_{25}$Mn	$_{26}$Fe	$_{27}$Co
5	$_{37}$Rb	$_{38}$Sr	$_{39}$Y	$_{40}$Zr	$_{41}$Nb	$_{42}$Mo	$_{43}$Tc	$_{44}$Ru	$_{45}$Rh
6	$_{55}$Cs	$_{56}$Ba	La	$_{72}$Hf	$_{73}$Ta	$_{74}$W	$_{75}$Re	$_{76}$Os	$_{77}$Ir
7	$_{87}$Fr	$_{88}$Ra	Ac	$_{104}$Rf	$_{105}$Db	$_{106}$Sg	$_{107}$Bh	$_{108}$Hs	$_{109}$Mt

金属　　非金属　　不明

図3-1　金属元素と非金属元素

1）単一の元素からなる純物質。
2）見つけにくさからくる歴史的な名前の希ガスとすることも多いのですが，日本化学会では「貴」としています。

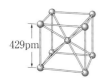

429pm

281pm ○Na⁺ ●Cl⁻

154pm

金属結晶　　　　　　イオン結晶　　　　　　共有結晶
（ナトリウム(Na)）　（塩化ナトリウム（NaCl））　（ダイアモンド(C)）

図3-2　代表的金属結晶，イオン結晶，共有結晶

子ですが，それぞれ液体と固体です。**金属結合，イオン結合，共有結合**は聞いたことがあるでしょう。順に金属原子同士の結合，金属と非金属の結合，非金属原子同士の結合とみてもよいです。原子が莫大な数集まると結晶になります。結晶は原子間の結合に応じて，**金属結晶，イオン結晶，共有結晶**に分類されます[3]。図3-2にこれらの代表例を示しました。

　金属原子は最外殻に空席を持ちます。そのため，最外殻の電子（**価電子**）[4]は容易に隣の原子へ移ります。金属結晶では，価電子を失った<u>金属イオン</u>が規則的に並び，その空隙を原子から離れた価電子が自由に運動してイオン同士を結びつけています。このような電子を**自由電子**といいます。

10	11	12	13	14	15	16	17	18
								₂He
			₅B	₆C	₇N	₈O	₉F	₁₀Ne
			₁₃Al	₁₄Si	₁₅P	₁₆S	₁₇Cl	₁₈Ar
₂₈Ni	₂₉Cu	₃₀Zn	₃₁Ga	₃₂Ge	₃₃As	₃₄Se	₃₅Br	₃₆Kr
₄₆Pd	₄₇Ag	₄₈Cd	₄₉In	₅₀Sn	₅₁Sb	₅₂Te	₅₃I	₅₄Xe
₇₈Pt	₇₉Au	₈₀Hg	₈₁Tl	₈₂Pb	₈₃Bi	₈₄Po	₈₅At	₈₆Rn
₁₁₀Ds	₁₁₁Rg	₁₁₂Cn	₁₁₃Nh	₁₁₄Fl	₁₁₅Mc	₁₁₆Lv	₁₁₇Ts	₁₁₈Og

3）共有結晶は共有結合結晶とも言います。共有結合の結晶とも言います。
4）価電子の数は18族元素では0とする約束です（8章）。

　ドイツのコッセル（Walther Ludwig Julius Kossel）は，貴ガスが結合を作らないのは，最外殻が閉殻だからと考えました。他の原子も電子を受け取ったり，放出したりして，周期表で一番近くの貴ガスと同じ電子配置の**陽イオン**または**陰イオン**となって，それらの間に働く電気的な力で結合するというのがイオン結合です。図3-3のようにNaが放した電子をClが受け取ってNa^+とCl^-とが結合します。Na^+の電子配置は2pの副殻が閉殻のNeと同じで，Cl^-は3pの副殻が閉殻のArと同じです。イオン結晶では，規則正しくイオンが並んでいます。正負の電荷を持つイオン間のクーロン力は強く，一般にイオン結晶は固く，融点も高くなります。

　金属は延ばしやすい性質の延性，薄い板や箔になる性質の展性，そして光沢を持ちます。図3-4のように，層がずれるような外力が加わっても，金属イオンの間をめぐる自由電子の状況はかわりません。これが，金属の延性や展性の原因です。一方，イオン結晶に同じ外力が加わると，陽イオン同士，同時に陰イオン同士が隣り合います。その結果，大きな電気的反発力が働き，結合が切れれば結晶は壊れます。

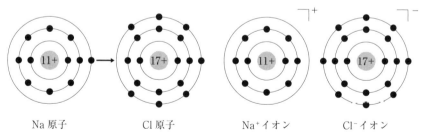

Na 原子　　　　Cl 原子　　　　Na^+イオン　　　Cl^-イオン

図3-3　Na, Cl 原子の電子配置とイオン結合の NaCl

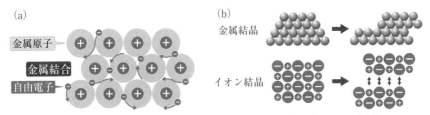

図3-4　(a) 金属結合と自由電子，(b) 金属結晶とイオン結晶に
対する外力の影響

（２）共有結合

　イオン結合の存在は実験でも証明されていますが，水素が分子をつく
ることなど，説明できないこともあります。ルイス（Gilbert Newton
Lewis）とラングミュア（Irving Langmuir）は，これらを解決する提
案をしました。

　原子の最外殻電子の数が8つに満たない場合，2個の原子間で電子を
共有することで貴ガスと同じ電子配置を持てば分子が安定し，結合が生
じるという経験則です。**オクテット則**と言います。貴ガスの8つの最外
殻電子は立方体の8個の頂点に位置すると考えます。図3-5の塩素分
子 Cl_2 のように2個の原子が，電子が1つしかない1辺を共有すれば，

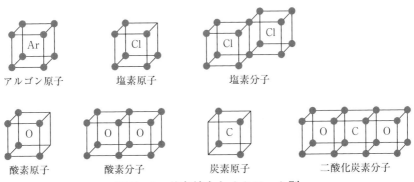

図3-5　共有結合とオクテット則

どちらの原子も8つの隅に電子が全部入ったことになります。これが，**共有結合**の考え方です。酸素分子 O_2 では，立方体の面，すなわち四隅が共有されます。これは4章で詳しく述べる二重結合に対応します。H_2 は，原子が2つの電子を共有し，He 型の電子配置になります。

　ルイスは，**点電子式**[5]で化学結合を表しました。図3-6（a）は具体例です。ホウ素（B）は8つの席のうち3つを電子が占めますが，4つの辺それぞれに少なくとも1つの電子が入るまでは2つ目の電子を入れません。この規則によると，4通りの等価な点電子式が描けます。どれを採用してもよいです。他の元素も同様です。1つの辺に現れる一対の電子は，**非共有電子対**あるいは**孤立電子対**と言います。対にならない電子は**不対電子**と呼びます。図3-6（b）には，第2周期の全ての原子の点電子式を示しました。図3-6（c）のフッ素分子（F_2）では，中央に描いた電子対を原子が共有しています。このような電子対を**共有電子対**と言います。各原子は共有電子対の電子を含めて，合計で8個の電子に囲まれています。1つの共有電子対を，一本の線で表すこともします[6]。

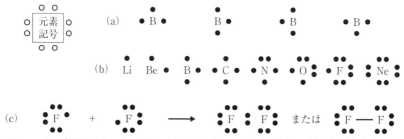

図3-6　点電子式。元素記号の周りの4辺に価電子の数だけ黒丸を配置。（a）ホウ素原子，（b）第2周期の原子，（c）フッ素分子の共有結合

5）Electron dot formula または Lewis formula
6）価標と言います。

　ダイアモンドは，不対電子を隣接する炭素原子同士で共有して次々と切れ目なく繋がれた結晶です。炭素は4つの価電子を持ち，4本の共有結合を作ります。理由は次章で説明しますが，各炭素原子に隣接する4つの炭素が，四面体の頂点に位置した構造になります。

2. 原子は，なぜ繋がるのか

（1）波打つ電子－原子軌道の正体

　共有結合の考え方により，結合の形式は理解できました。しかし，電気的に中性な原子同士がなぜ結合するのかはわかりません。この問いに答えるには，量子力学に基づいて電子の振る舞いを考えることが必要でした。

　私たちが粒子だと思ってきた電子が実は波の性質も併せ持つことが，20世紀初頭に明らかになりました。何が振動しているのかは未だに誰にも解りません。しかし，電子が波の性質を持つと考えると，不思議な実験結果が説明できるのです。1つの例を図3-7に示しました。金

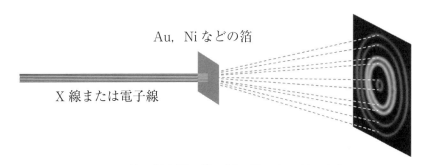

Au，Niなどの箔

X線または電子線

図3-7　X線回折と電子線回折。電子もX線のように
　　　　波動性を持つことを示す。

（Au）やニッケル（Ni）の箔にX線を当てると，背後に同心円の回折縞が観測されます。これは，X線が波であることにより説明されます。驚くことにX線の代わりに電子の流れ（電子線）を用いても，回折縞が観測されます。

　図3-8は，波の例です。旗を思い浮かべると良いかも知れません。(a) の波は山だけ，(b) には山と谷があります。位置 (x, y) の点の波の高さを示すグラフです。波の高さは位置の関数 $f(x, y)$ です。高さが0，$f(x, y) = 0$ の場所を節といいます。同じ情報を (c)，(d) のように等高線で伝えることもできます。さて，原子中の電子の波を考えます。厄介なことに，位置を示すのに原子核からの距離 r，さらに地球の緯度や経度に当たる2つの角度 $\overset{シータ}{\theta}$，$\overset{ファイ}{\phi}$ が必要です。おかげで $f(r, \theta, \phi)$ は (a)，(b) のような図で描けません。等高面は描けますが，例えば原子核の位置（原点，$r = 0$）で $f(r, \theta, \phi)$ が最大値をとり，r が増えるに従って角度に依らずに単調減少する $f(r, \theta, \phi)$ では，いくつかの等高面を描くと同心球になります。切り裂いて描かないと，原子核に近い内側の等高面は隠れてしまいます。実は，1s軌道はこの性質を持っています。

　図3-9は，これまで言葉だけ出てきた原子軌道の正体を表した図です。原子軌道は，原子中の電子の波の形を表す関数，**波動関数**です。1sで描かれている面は，数ある等高面，同心球の1つです。図3-8 (c) の1本の等高線に対応します。2sも同心球のうち2つを描いていて，原子核に近い球は関数値が正の等高面，外側は負の等高面です。描かれてはいませんが，正負の等高面の間に値が零の等高面もあります。2pは3つありますが，広がる方向により x, y, z と添え字がつきました。中心に原子核があります。どれも，正の等高面と，絶対値が同じで負の等高面を描いています。これも描かれていませんが，$2p_x$ では，yz 面が

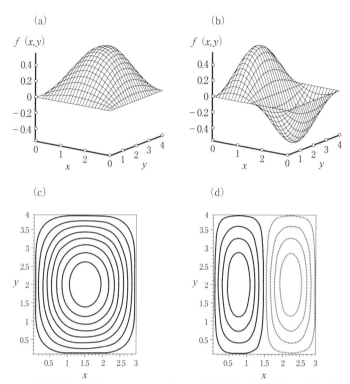

図3-8　波の例（大きさ３×４の旗，２次元の波動関数），（a）節なし，
（b）節あり。（c）は（a），（d）は（b）の等高線図。点線は負
の等高線。

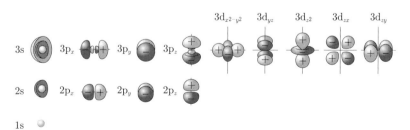

図3-9　原子軌道の等高面図

高さ零の等高面になります。この図は，図3-8（d）の1本の正（実線）の等高線と絶対値の等しい負（点線）の等高線に対応します。図3-8（d）でも値が零の等高線（節）は描いていませんが，正負の等高線の間にあることは分かるでしょう。

　軌道というと，電子が運動する道筋，オービット（orbit）を思い浮かべるでしょう。ここでいう軌道はそれとは違って，1つの電子の波動関数です。英語では，オービタル（orbital）と言います。化学では，軌道と言えばオービタル，波動関数です。オービタルの関数の2乗の値が大きい場所が，電子を見つけやすい場所になっています[7]。水素原子中の電子を探して，見つけた場所に点を打つとします。何回も探して，見つけた場所の点を重ね描きしたら図3-10のようになります。雲のようなので，電子雲とも呼ばれます。たくさん点が集まった場所は，電子を見つける確率の高い場所です[8]。

図3-10　水素原子中の電子の存在確率密度分布

7）厳密な言い方をすると，オービタルの関数の二乗は電子の存在確率密度ですが，詳細は専門書に譲ります。
8）量子力学では，電子が円軌道を周回運動しているのではないことは教えてくれるのですが，どんな運動をしているのかは教えてくれません。

（2）軌道相互作用

　１つの電子が２つの陽子の中央に位置するように直線状に並んでいるとします。陽子と電子の引力が陽子同士の斥力に勝り，陽子同士は近づこうとします。一方，陽子−陽子−電子の並びでは，電子に近い陽子がより強く引かれ，陽子同士は離れるでしょう。このように，電子が原子核（今の場合，陽子）を結び付けようとする領域（**結合領域**）と，遠ざけるように働く領域（**反結合領域**）があります（図3−11（a））。

　さて，本題です。分子中の電子の軌道を**分子軌道**と言います。原子軌道を材料に分子軌道がどう描けるか，分子軌道のエネルギーは原子軌道

(a)

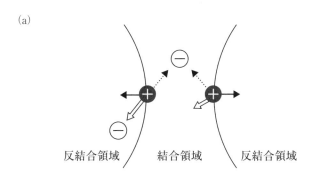

反結合領域　　　　結合領域　　　　反結合領域

(b)

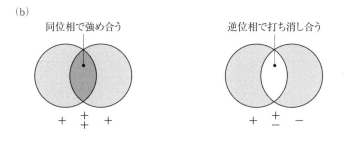

同位相で強め合う　　　　　　　　　逆位相で打ち消し合う

＋　　　　　　　　　　　　　　　＋
　　＋　　　　　　　　　　　　　　　−
＋　　　　　　　　　　　　　　　−

結合性軌道，ϕ^+　　　　　　　　反結合性軌道，ϕ^-

図3−11　(a) 結合領域と反結合領域
**　　　　　　(b) 水素分子の結合性軌道と反結合性軌道**

に比べてどう変化するか，さらに電子配置に基いて，化学結合ができる
仕組みを学びましょう。H_2 の分子軌道は，一方の原子軌道（$1s_A$）と他
方の原子軌道（$1s_B$）が同位相（同符号）で重なり合った ϕ^+ か，または
逆位相（逆符号）で重なり合った ϕ^- で表されるのです（図3-11 (b)）。
ϕ^+ を**結合性軌道**，ϕ^- を**反結合性軌道**と言います。波は山と山や，谷
と谷のように同位相で重なると強め合い，山と谷のように逆位相で重な
ると打ち消しあいます。その結果，結合性軌道を占有する電子を見出す
確率密度（電子密度）は，原子核の間（結合領域）で高まり，まさしく
原子に電子が共有されることに対応します。一方，反結合性軌道を電子
が占有すると，電子密度は原子核の間で小さくなり，原子核の外側（反
結合領域）へ逃げ出します。原子軌道の重なり，干渉で結合性軌道，反
結合性軌道ができる過程を**軌道相互作用**と言います。図3-12の軌道相
互作用図（軌道相関図）に示したように，結合性軌道のエネルギーは
元の原子軌道のエネルギーより下がり，反結合性軌道のエネルギーは
逆に上がります[9]。一般に反結合性軌道の不安定化（ΔE_-）の絶対値

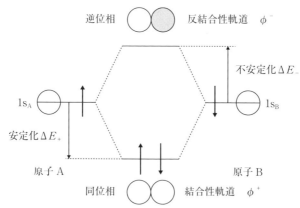

図3-12　水素分子の軌道相互作用図（軌道相関図）

9）波の干渉で強め合った結合性軌道のエネルギーは高く，弱めあった反結合性軌
　道は低くなりそうですが，逆なので注意しましょう。

は，結合性軌道の安定化（ΔE_+）の絶対値と同じか大きくなります（$|\Delta E_-| \geqq |\Delta E_+|$）。$H_2$では2つの電子が構成原理に従って，エネルギーの低い結合性軌道を占有し，原子2個分のエネルギー（1s軌道のエネルギーの2倍）より下がり，安定になるので分子，結合ができます[10]。また，電子はスピンが逆の電子対をなします。電子配置は，$(\phi^+)^2$です。上つきの2は，2つの電子が（　）内の軌道を占有することを表します。図3-12では，原子軌道，分子軌道のエネルギー準位を横線で示しました。ϕ^+のように電子が詰まっている軌道を**被占軌道**あるは**占有軌道**と言います。ϕ^-は電子が詰まっていない，**空軌道**です。から軌道とも言います。水素原子の1sのように，不対電子に占有される軌道もあり，その場合は**半占軌道**と言います。

　2つのHe原子も，H原子同士と同様な1sの軌道相互作用をしますが，結合性軌道が2個，反結合性軌道が2個の電子に占有されます。電子配置は，$(\phi^+)^2 (\phi^-)^2$です。結合性軌道を占有する2個の電子が稼ぐ安定化エネルギーを，反結合性軌道を占有する2個の電子の不安定化エネルギーが打ち消し，化学結合したHe_2はできません。

　分子軌道が原子軌道の重ね合わせで表されるという考え方を，**分子軌道法**と言います。一般の原子の間の結合も，最外殻電子の占める軌道の重なりを考えることで説明できます。

3. 電荷の偏りと結合の極性

　現在では，NaCl分子も実験で作ることができます。その結合は，Naの最外殻の3s軌道とClの最外殻の3p軌道の相互作用で理解できます。一般に最外殻の原子軌道は原子核から遠く離れて運動する電子の軌道で，相手の最外殻の原子軌道とよく重なり，強く相互作用します。一方，内殻軌道の電子は自分の原子核に近いところにいて，結合にはほとんど

---

10) 電子が1つしかないH_2の陽イオン（H_2^+）もH_2分子と同様な分子軌道，軌道相互作用図になります。結合性と反結合性軌道が出来るのは2つの電子が相互作用するためではありません。電子1つ1つが波の性質を持つからなのです。

寄与しません。

　図3-13はNaCl分子の軌道相互作用図です。Clには3つの3pがありますが、結合相手のNaに向いて広がった軌道（3p$_z$とします）が相互作用します。最外殻の軌道のエネルギーは、第一イオン化エネルギー[11]の符号を代えた値で見積ることができます。数字はNaの3sが$-5.139\,\mathrm{eV}$[12]、Clの3pが$-12.967\,\mathrm{eV}$です。図には値を入れていませんが、相互作用する原子軌道のエネルギーの相対関係は重要です。軌道相互作用で元々の低いClの3p軌道より安定化した結合性軌道と、元々の高いNaの3sより不安定化した反結合性軌道が出来ます。結合性軌道は低いClの3p軌道が主成分で、原子間の領域でそれと位相が揃うようにNaの3s軌道が副成分として重なります。一方、反結合性軌道では高いNaの3s軌道が主成分で、原子間の領域でそれと位相が逆になるようにClの3p$_z$軌道が副成分として重なります。結合性軌道の安定化、反結合性軌道の不安定化は、元の原子軌道のエネルギー差が小さいほど大きく、また重なりが大きいほど大きくなります。Naの3sとClの3pはエネルギー差が大きい組み合わせです。NaClも結合性軌道が2個の電子に占有され、反結合性軌道は空なので結合が出来ます。

　図3-13の結合性軌道は主にCl側に広がります。つまり、この軌道を占有する2個の電子の内、結合前にはNaの3sに詰まっていた1つは、NaCl分子内ではCl側に少し移ります。その結果、NaCl分子の電荷分布は$Na^{\delta+}-Cl^{\delta-}$と書けます。結合する原子間で電荷（電子）分布に偏りがあるとき、結合に**極性**があると言います。量子力学を踏まえた現代化学では、整数でない量の電子移動もあり、NaCl分子では0.8個くらいです。このような結合は、実質的にイオン結合といってよいですが、極性の大きな共有結合ということもできます。分子軌道で考えると、共有結合とイオン結合は別種の結合というより、極性の程度の違うもの

---

11) 原子、分子から電子を1つ取り去るのに必要なエネルギー。
12) $1\,\mathrm{eV}$（エレクトロンボルト）$= 1.602\,2 \times 10^{-19}\,\mathrm{J} = 96.485\,\mathrm{kJmol^{-1}}$。

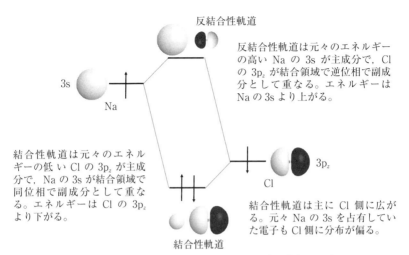

反結合性軌道

反結合性軌道は元々のエネルギー
の高い Na の 3s が主成分で, Cl
の $3p_z$ が結合領域で逆位相で副成
分として重なる。エネルギーは
Na の 3s より上がる。

3s

Na

結合性軌道は元々のエネル
ギーの低い Cl の $3p_z$ が主成
分で, Na の 3s が結合領域で
同位相で副成分として重な
る。エネルギーは Cl の $3p_z$
より下がる。

$3p_z$

Cl

結合性軌道は主に Cl 側に広が
る。元々 Na の 3s を占有してい
た電子も Cl 側に分布が偏る。

結合性軌道

図3-13 NaCl の軌道相互作用図 (軌道相関図)

と見ることができます。

　結合する原子のどちらが正あるいは負に帯電しやすいかを測る目安
に, **電気陰性度**があります。マリケン (Robert Sanderson Mulliken) は,
元素の第一イオン化エネルギーと電子親和力[13]の平均で電気陰性度を定
義しました。現在広く使われているのは, ポーリング (Linus Carl
Pauling) の電気陰性度です。彼は, 原子 A, B の電気陰性度χ_Aとχ_B
との差に着目し, A-A, B-B, A-B の結合エネルギーD_{AA}, D_{BB}, D_{AB}
(eV) を使って, 次式でχ_Aとχ_Bを定義しました。

$$(\chi_A - \chi_B)^2 = D_{AB} - (D_{AA} + D_{BB})/2 \qquad (3.1)$$

もし, A と B の結合に極性がなければ右辺は, $D_{AB} - \dfrac{D_{AA} + D_{BB}}{2} = 0$ と

---

13) 原子, 分子に電子が1つ付加した際に放出されるエネルギー。

期待されます。AとBの電荷の偏りが大きければ，電気的な相互作用で結合エネルギーが増し，ゼロからずれるでしょう。このずれが大きいほど，AとBの電気陰性度の差が大きいというわけです。逆に言えば，電気陰性度の差が大きいほど，結合が強くなります。ポーリングの電気陰性度を表3-1に示しました[14]。Naは0.9，Clは3.0なので，電子はCl側に偏り分子軌道の考察と一致します。第一イオン化エネルギー，電子親和力，結合エネルギーの実験値という，経験的な値から定義されてきた化学の指標を，分子軌道は理論的に裏付けます。電気陰性度の差が大きい原子同士の結合ほど，イオン結合性が強くなります。

　難しくなったので，化学らしい話で章を閉じましょう。Naの結晶は3次元にNa原子がぎっしり詰まっていますが，灰色で柔らかです。一方，塩素Cl_2は常温常圧で薄緑色の気体です。気体の塩素が入ったガラス容器に注意深くNaを加えると，発光しながら激しく反応して，白い

表3-1　ポーリングの電気陰性度

H 2.1																	
Li 1.0	Be 1.5											B 2.0	C 2.5	N 3.0	O 3.5	F 4.0	
Na 0.9	Mg 1.2											Al 1.5	Si 1.8	P 2.1	S 2.5	Cl 3.0	
K 0.8	Ca 1.0	Sc 1.3	Ti 1.5	V 1.6	Cr 1.6	Mn 1.5	Fe 1.8	Co 1.8	Ni 1.8	Cu 1.9	Zn 1.6	Ga 1.6	Ge 1.8	As 2.0	Se 2.4	Br 2.8	
Rb 0.8	Sr 1.0	Y 1.2	Zr 1.4	Nb 1.6	Mo 1.8	Tc 1.9	Ru 2.2	Rh 2.2	Pd 2.2	Ag 1.9	Cd 1.7	In 1.7	Sn 1.8	Sb 1.9	Te 2.1	I 2.5	
Cs 0.7	Ba 0.9	La-Lu 1.1~1.2	Hf 1.3	Ta 1.5	W 1.7	Re 1.9	Os 2.2	Ir 2.2	Pt 2.2	Au 2.4	Hg 1.9	Tl 1.8	Pb 1.8	Bi 1.9	Po 2.0	At 2.2	
Fr 0.7	Ra 0.9	Ac 1.1	Th 1.3	Pa 1.5	U 1.7	Np-No 1.3											

[14] 結合エネルギーの実験値にはいくらか幅があるため，電気陰性度の数値も文献により多少ずれることがあります。

塩化ナトリウム NaCl の結晶ができます。まさに，化け学。

練習問題と課題

問題1　（1）化学結合を理解することはなぜ重要か，説明しなさい。
（2）金属結合，イオン結合，共有結合とは，それぞれどんな結合か，
　　　説明しなさい。

問題2　（1）オクテット則を説明しなさい。
（2）塩素分子の点電子式を書き，どれが共有電子対で，どれが非共有
　　　電子対かを示しなさい。

問題3　2つの 1s 軌道の重ね合わせからなる結合性軌道を ϕ^+，反結合
　　　性軌道を ϕ^- と記す。
（1）H_2 の電子配置は $(\phi^+)^2$ である。これに倣い，He_2 の電子配置を
　　　記しなさい。
（2）He 原子が強い化学結合で結ばれた He_2 分子はできるか，できな
　　　いか。理由とともに答えなさい。

4 | 組みあがる分子

橋本健朗

《**目標＆ポイント**》 水は分子式が H_2O で，形は2つの OH 結合の長さが同じ二等辺三角形だと知っている人も多いでしょう。なぜ，酸素 O は2つの水素 H と繋がるのか。なぜ，二等辺三角形なのか。分子が決まった形に組み合がる原理を学びましょう。また，分子間相互作用の理解を深めます。

《**キーワード**》 原子価，混成軌道，σ 結合，π 結合，ファンデルワールス結合，水素結合，バンド理論

1. 多原子分子

（1）原子価

　19世紀後半になるといろいろな有機化合物[1]が合成され，分析により化学式が明らかになってきます。そして多くの化合物に見られる化学的性質の共通点から，化学式を整理する方法が提案されるようになります。共通点には，例えば今日のカルボン酸（5章）もあり，有機化合物の構成単位，いわゆる**基**の考え方の元になっていきます。また，ある原子が他の原子を引き付ける化学的親和力は，一定の数の相手原子を引き付けるという説が出てきます。1850年代の終わりにケクレ（Friedrich August Kekulé）はこれを**原子価**の概念に発展させ，定式化するのに活躍しました。彼は図4-1のようにソーセージ図で分子を表しました。

メタン CH_4 　　　エタン CH_3CH_3 　　　酢酸 CH_3COOH

図4-1　ケクレのソーセージ図

1）次章で詳しく扱います。炭素を含む化合物の総称で，燃やすと炭になります。9章で扱う無機化合物は，燃やすと灰になります。

図には価標もなく，まだ原子を繋ぐ結合の概念がないことが分かります。

　ある原子の原子価は，その原子と結合する H の数と定義できます。いわゆる結合の手の数です。メタン CH_4，アンモニア NH_3，水 H_2O，フッ化水素 HF，ネオン Ne の非水素原子の原子価は，4（C），3（N），2（O），1（F），0（Ne）です。N から Ne までは基底状態の不対電子数と一致していますが，C 原子では一致しません。分子の中の炭素原子は，孤立した状態とは違うようです。この違いは，炭素が 2s 軌道と 2p 軌道を重ね合わせた混成軌道で結合すると考えることで解決されました。CH_4 は C が正方形の中心に，H が 4 つの角に位置する平面構造でもよさそうですが，実際は C を中心とする正四面体の頂点に H が位置する立体構造です。原子価と混成軌道は，分子構造も教えてくれます。

（2）混成軌道

　図 4 - 2（a）に炭素の最外殻軌道（2s，2p）と，それらが重なり合った sp^3（エスピースリー）混成軌道を示しました。2s 軌道の 1 つの電子が空の 2p 軌道に励起したとします。このような混成軌道を考える際の励起を昇位と言います。不対電子数が 2 から 4 へ増えています。同時に，1 つの 2s 軌道と 3 つの 2p 軌道が混ざり合い，エネルギーの等しい 4 つの sp^3 混成軌道へと変化します。これらは，正四面体の中心から 4 つの頂点に向かう軌道です。電子が昇位して原子価が増えている状態を原子価状態といいます。最外殻軌道は，原子価軌道とも呼ばれます。sp^3 混成軌道のうちの 1 つと水素原子の 1s 軌道が相互作用し，結合性と反結合性の軌道が出来ます（図に描いてはいません）。結合性軌道は炭素と水素が 1 つずつ電子を出し合った電子対に占有され，反結合性軌道は空なので，一本の CH 結合ができます。sp^3 混成軌道は 4 つあるので 4 つの H まで結合でき，合計 4 本の CH 共有結合ができます。CH_4 中の C

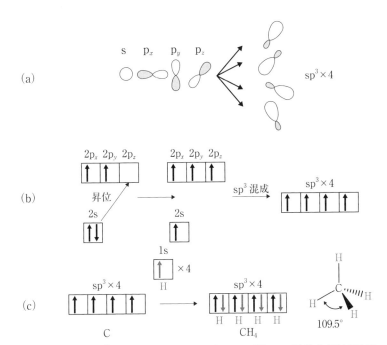

図 4 - 2　(a) sp^3 混成軌道，(b) 炭素の 2s 電子の昇位と不対電子
　　　　　が 4 つの原子価状態，(c) 4 本の CH 結合と正四面体構
　　　　　造のメタン分子の生成（C の $(1s)^2$ は省略）。実線の楔形
　　　　　は紙面より手前に，破線の楔形は紙面より奥に伸びる結
　　　　　合を表す。

の原子価が 4 であることが説明できました。初めの 2s から 2p への昇位
の際にエネルギーが必要ですが，C の 2s と 2p 軌道のエネルギー差は小
さいので，H と結合するとそれを補って余りある安定化が得られ CH_4
が出来ます。sp^3 混成軌道の向きを反映し，CH_4 は炭素を中心に H が正
四面体の頂点に位置する構造となります。CH_4 の CH 結合のように，原
子間を結ぶ軸線と同じ方向を向いた軌道の相互作用でできる分子軌道を
σ 軌道，それを電子が占有してできる結合を **σ 結合**といいます。

CH$_4$ と同じ考え方を NH$_3$ や H$_2$O に応用することもできます（図 4 - 3）。N は最外殻の電子が 5 つなので，4 つの sp^3 混成軌道のうち 1 つは電子対に占有されます。NH$_3$ は，3 つの NH に対応する共有電子対と N に 1 つの非共有電子対を持つことになります。

図 4 - 3　アンモニア NH$_3$，水 H$_2$O の非共有電子対と分子構造

NH$_3$ は CH$_4$ の 1 つの CH の共有電子対が非共有電子対に代わったと考えればよく，非共有電子対まで含めれば N を中心とする四面体型，含めずに原子核の位置関係だけを見れば三角錐型です。H$_2$O では酸素 O が 6 個の最外殻電子を持つので，4 つの sp^3 混成軌道のうちの 2 つは非共有電子対に占有されます。H$_2$O は，2 つの OH に 2 つの非共有電子対を含めて四面体型，含めなければ二等辺三角形です。

CH$_4$，NH$_3$，H$_2$O はいずれも全電子数が 10 個の **等電子体** です。CH$_4$ の C は H に囲まれています。一方，NH$_3$ の N は四面体の頂点の一方向に向いた非共有電子対がむき出しになっています。非共有電子対も含めて分子を眺めることは大切です。例えば，プロトン H$^+$ が NH$_3$ に結合するとき，むき出しの非共有電子対と結合し，4 つの等価な NH 結合を持つ NH$_4$$^+$ になります。この過程で，N の非共有電子対が NH の結合電子対に変わりますが，N，H が 1 つずつ不対電子を出したのではなく，N が電子対を出しています。このように，一方の原子の電子対の軌道と

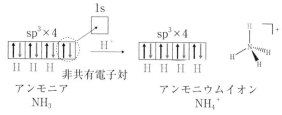

図 4 - 4　NH$_3$+H$^+$ → NH$_4$$^+$ に伴う配位結合の形成

他方の原子の空軌道の相
互作用で生じる結合を,
配位結合といいます
(図4-4)。配位結合は
金属イオンがアンモニア
などに取り囲まれた金属
錯体によく見られます。
金属イオンに結合する分

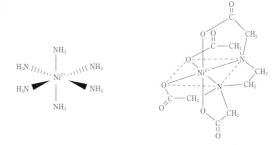

図4-5 八面体構造の金属錯体(イオン)の例

子を**配位子**と呼びます。d軌道も混成に使われ正八面体型など構造も多
様になります。図4-5はその例です。配位子が架橋型の錯体は,キレー
ト錯体と呼ばれます。

Bの2s電子が1つの空の2p軌道に昇位すると不対電子は3つにな

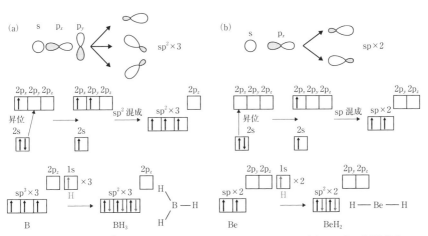

**図4-6 (a) sp² 混成軌道と正三角形型 BH₃ 分子,(b) sp 混成軌道と
直線型 BeH₂ 分子**

62

り，1つの2p軌道は空のまま残ります。原子価は3です。<u>1つの2s軌道と2つの2p軌道</u>が混成して3つの等価な **sp²（エスピーツー）混成軌道**が出来ます。これらは図4-6（a）のように正三角形の中心から頂点に向けて広がります。Bは3つのH原子と結合し，BH_3はBを中心とする正三角形です。同様にBeの原子価状態では，<u>1つの2s軌道と1つの2p軌道</u>が混成して2つの等価な **sp（エスピー）混成軌道**ができ，原子価は2です。2つのsp混成軌道は互いに逆向きです。Beは2つの水素と結合し，BeH_2は直線型です（図4-6（b））。

（3）多重結合

エタン，C_2H_6の中で各炭素は4つのsp^3混成性軌道のうち3つでHと結合しています。残る1つは相手の炭素のsp^3混成軌道と相互作用し，

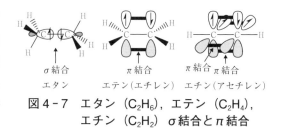

図4-7 エタン（C_2H_6），エテン（C_2H_4），エチン（C_2H_2）σ結合とπ結合

結合性軌道と反結合性軌道の対が出来ます。結合性軌道が電子対に占有され，図4-7のようにσ結合ができます。空の反結合性軌道は描いていません。このCC結合は，1つの電子対による結合で**単結合**です。エテン（エチレン），C_2H_4は2つのCH_2がCC結合を作っています。各CH_2の炭素がsp^2混成軌道のうち2つでHと結合し，残る1つのsp^2混成軌道を使ってCCのσ結合ができます。余っている2p軌道同士も相互作用し，結合性軌道と反結合性軌道が出来ます。分子軸に垂直に広がるp軌道が重なって出来る分子軌道を **π軌道**（バイ），それを使ってできる結合を **π結合** と言います[2]。エテンのCC結合は1本のσ結合と1本のπ結合からなる**二重結合**で，全体は平面型分子となります。同様な考え方

2）図4-7では，反結合性のπ軌道は描いていません。

で，エチン（アセチレン）は，sp 混成軌道で H と結合した炭素が残りの sp 混成軌道で相手炭素と σ 結合して，直線分子となります。分子軸（z 軸）に垂直な $2p_x$ 軌道同士が結合性と反結合性の π 軌道の組を作ります。$2p_y$ 軌道同士も同様です。向きが 90 度ずれた $2p_x$ 軌道と $2p_y$ 軌道は重ならず，相互作用しません。$2p_x$ 軌道からなる結合性の π 軌道と $2p_y$ 軌道からなる結合性の π 軌道がそれぞれ電子対に占有され，2 組の π 結合が出来ます。CC は 1 本の σ 結合，2 本の π 結合を持つ**三重結合**となります。CC の単結合，二重結合，三重結合の典型的な距離は，1.54，1.34，1.20Å です。二重結合と三重結合はまとめて多重結合と言います。

（4）π 電子共役系

$H_2C = CH-CH = CH_2$ のように単結合と二重結合が交互に並んだ $C_{2n}H_{2n+2}$ 型の分子群を，**π 電子共役系**と呼びます。図 4-8 にエテン，C_2H_4 とブタジエン，C_4H_6 の π 軌道を示しました。電子の詰まった分子

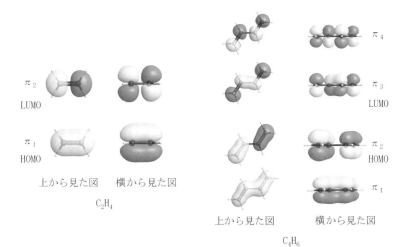

図 4-8　C_2H_4，C_4H_6 の π 軌道の等高図面。白が正，灰色が負。

軌道の中で最もエネルギーの高い軌道を HOMO, 空の最もエネルギーの低い軌道を LUMO と言います[3]。これらは，言わば分子の最外殻軌道です。エテンの HOMO は結合性の π 軌道，LUMO は反結合性の π 軌道です。材料の sp^2 混成軌道の重なりが大きい σ 軌道は，結合性と反結合性の軌道のエネルギーが大きく分裂します。一方，結合軸に垂直な p 軌道の重なりは小さいので π 軌道の 2p 原子軌道からの安定化，不安定化は σ 軌道に比べて小さく，結合性と反結合性の軌道のエネルギー差（分裂）も σ 軌道より小さくなります。π 軌道は HOMO や LUMO となることの多い軌道です。HOMO, LUMO は分子の最外殻軌道らしく外側に大きく広がります。2つの分子が出合った時にはじめに重なり合う，前線の軌道です。その意味で，HOMO, LUMO を合わせて，**フロンティア（Frontier）軌道**と呼びます。

　π 電子共役系の両末端の水素が外れ，炭素同士が繋がると環状になります。ベンゼン，C_6H_6 がその例です（図4-9）。グラフェンは，炭素が sp^2 混成軌道とそれを占有する3つの価電子を使ってできる六角形の骨格が繰り返す平面構造を成します。残りの 2p 軌道と価電子から，π 結

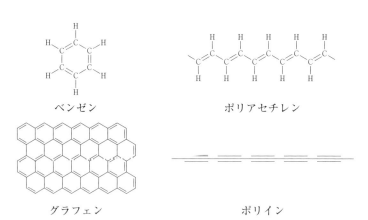

ベンゼン　　　　　　　　ポリアセチレン

グラフェン　　　　　　　ポリイン

図4-9　2次元（面型），1次元（鎖型）の炭素化合物の例

3）Highest Occupied Molecular Orbital 及び Lowest Unoccupied Molecular Orbital の略です。

合ができます。エテンの両端の水素の代わりに，次々と炭素で鎖状に繋がった -(CH=CH)$_n$- 型分子はポリアセチレン，-(C≡C)$_n$- 型分子をポリインと言います。こうしてみると，炭素は鎖，面，立体と 1-3 次元の構造を成すことが分かります。

2. 分子間相互作用

（1）分子の極性

　塩化水素 HCl のように，電気陰性度の差が大きい元素の異核二原子分子の結合は極性を持ちます。分子全体として電荷の偏りを持つ分子を**極性分子**といいます。一方，H_2, Cl_2 などの等核二原子分子は結合に極性がありません。**無極性分子**です。多原子分子である H_2O, NH_3, CH_4 には図 4-10 に δ^+, δ^- で表した電荷の偏りがあります。分子全体の電荷の偏りは，正電荷から負電荷に向けたベクトルで考える習慣です[4]。折れ線型の H_2O や三角錐型の NH_3 はベクトルが打ち消さず極性

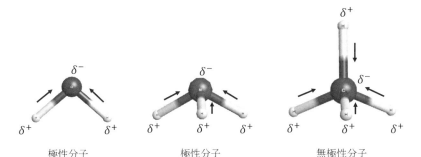

極性分子	極性分子	無極性分子
（矢印は打ち消しあわない）	（矢印は打ち消しあわない）	（矢印は打ち消しあう）

図 4-10　H_2O, NH_3, CH_4 構造と電荷の偏りを示すベクトル

4）電気量 $+q$ と $-q$ の電荷が距離 L だけ離れているとき，負電荷から正電荷に向かう長さ qL のベクトルを電気双極子モーメントと言います。図 4-10 のベクトルは，電気双極子モーメントとは逆向きです。習慣に従いました。

分子で，正四面体型の CH_4 は打ち消しあう無極性分子になります。一酸化炭素 CO や二酸化炭素 CO_2 は，例外的に無機化合物に分類されます。CO は極性を持ちます。2つの O 原子の中央に C が位置する直線構造の CO_2 は無極性分子です。

（2）分子間力

　分子同士が約4Å以下に近づくと，**分子間力**と呼ばれる弱い引力が働きます。無極性分子間の分子間力は，**ファンデルワールス（van der Waals）力**と言います。この力による分子間の結合は，**ファンデルワールス結合**です。気体が凝縮し，液体さらに固体へと状態を変える原因になります。分子構造が似ている物質では，分子量が大きいほどファンデルワールス力が強く，融点，沸点が高くなります。

　水素原子を間に挟んで，電気陰性度の大きい N，O，F の原子が結びついた $N-H\cdots N$，$O-H\cdots O$，$N-H\cdots O$ のような分子間の結合を**水素結合**

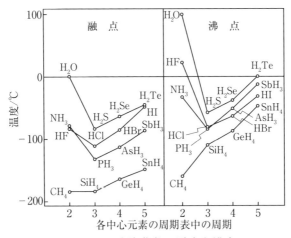

図4-11　水素化物の融点と沸点

といいます。水同士や，DNAの塩基対（10章）を結び付ける重要な結合です。アルコールやカルボン酸などの有機化合物も水素結合します。水素結合を持つ物質は，分子量から予想されるよりずっと融点，沸点が高くなります（図4-11）。

結合エネルギーの代表的な値は，ファンデルワールス結合が $2\,\mathrm{kJ\,mol^{-1}}$，水素結合が $20\,\mathrm{kJ\,mol^{-1}}$ であるのに対し，共有結合など化学結合のエネルギーは数百から千 $\mathrm{kJ\,mol^{-1}}$ 程度になります。大雑把には，水素結合のエネルギーはファンデルワールス結合の10倍，化学結合がさらにその10倍程度です。

（3）分子結晶

分子間力による結晶を**分子結晶**といいます。具体例に，図4-12（a）に示したグラファイト（黒鉛）があります。グラフェンが，π電子を向き合わせて層を成した結晶です。層と層は，弱いファンデルワールス力で結合しているため層と平行な面で割れやすく，共有結晶の同素体[5]であるダイアモンドより柔らかい結晶です。π電子はグラフェンの平面内

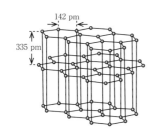

（a）グラファイト（分子結晶）

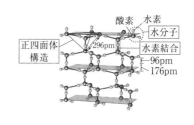

（b）氷（水素結合結晶）

図4-12　分子結晶とその仲間の水素結合結晶
（1 pm（ピコメートル）＝ 10^{-12} m）

5）同一元素の単体のうち，構造や性質が異なる物質同士の関係のこと。酸素，O_2 とオゾン，O_3 など。

を移動できる自由電子になります。そのため，グラファイトは電気伝導性を持ちます。

　水素結合で分子が繋がった結晶は，**水素結合結晶**です。具体例の氷の中で，1つの水分子は OH を隣の水分子の非共有電子対に向けます。つまり，OH を与えることで2つの水分子と水素結合します。その意味で，水は OH 供与体（ドナー）です。一方，自分自身も非共有電子対を2つ持つので，隣の2つの水分子から1つずつ OH を向けられ，OH 受容体（アクセプター）にもなっています。1つの水分子は4つの水素結合に参加し，図 4-12（b）のようなネットワークを形成します。1つの O の周りを見ると，2つの OH と2つの水素結合で四面体型構造が出来ています。このように，1つ1つの水素結合は方向を持ちます。液体の水では，分子が互いに向きを変え，10^{-9}s（ナノ秒）程度の時間で水素結合が出来たり壊れたりを繰り返しています。

3. 金属

（1）金属の電気伝導性

　金属のエネルギー準位構造と電子伝導性の理論を**バンド理論**と言います。Li 原子の電子配置は $(1s)^2(2s)^1$ ですが，原子数が1個，2個，…，n 個と増すのに伴い分子軌道のエネルギー準位も増え，結晶のように莫大な数の原子が集まると図 4-13（a）のように，ほとんど連続な準位の帯，**エネルギーバンド**となります。1つの準位を占有する電子は2個ですから，n 個の Li の結晶で 2s 帯に収容できる電子の総数は $2n$ 個です。各 Li 原子が1個の 2s 電子を出すので，基底状態では 2s 帯のエネルギーの低い下半分の準位（$n/2$ 個）が占有され，上半分は空です。準位間のエネルギー差は非常に小さく，2s 帯の下半分を占有する電子は室温程度でも上の準位に熱エネルギーにより容易に励起され，原子を渡

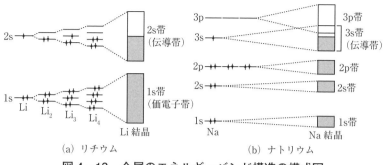

(a) リチウム　　　　　　　　　(b) ナトリウム

図4-13　金属のエネルギーバンド構造の模式図

り歩く自由電子となります。Li の 2s 帯のように電気伝導に寄与するバンドを**伝導帯**や**伝導バンド**といいます。一方，Li の 1s 帯のように電子が完全に詰まったバンドは，**価電子帯**です。価電子帯及と伝導帯の間の準位のないエネルギー領域は**禁制帯**といい，そのエネルギー幅が**バンドギャップ**です。

　Na や Mg では，原子では最大 2 個までの電子に占有された 3s 準位と空の 3p 準位のエネルギーが離れていますが，固体では図4-13（b）のように 3s 帯と 3p 帯が重なって伝導帯を成します。このことが，原子では最外殻の s 軌道の副殻が閉殻である 2 族の原子も多数集まると結合して金属としての性質を示す原因です。

（2）絶縁体

　共有結晶のダイアモンドの炭素は sp³ 混成軌道で隣の炭素と結合します。隣接する 4 つの炭素が四面体の頂点に位置した構造になるのは，このためです（3章，図3-2）。炭素間の結合は σ 結合で，結合電子対は

原子間に局在しているため，電気伝導性がありません。電気を全く通さないか，電気伝導率の非常に低い物質を**絶縁体**といいます。エネルギー準位構造で見ると，絶縁体は，価電子帯と空準位の帯とのギャップが大きく，熱では電子を励起できません。ダイアモンドは絶縁体です。

　1828年にドイツのウェーラー（Friedrich Wöhler）は，ともに無機物のシアン酸カリとアンモニウム化合物からシアン酸アンモニウム（NH_4OCN）を作ろうしたところ，有機物の尿素（NH_2CONH_4）が得られました。人間は一日当たり30gほどの尿素を排泄します。物質は生命を持つものだけが創り出せる有機物とそれ以外の無機物に二分され，無機物を有機物に変換できるのは生物だけと思われていました。この生気説の思い込みから解放され，有機化学（Organic Chemistry）[6]は途方もなく広がりました。

　化学構造という言葉が使われだしたのは1861年です。およそ70年を経て分子や結合の概念が成熟し，分子構造を予言することも可能になりました。そして，分子の構造はその機能や反応性とも結びついています。分子を作ること（新築），構造を変えること（改築や増築）は，ミクロな建築のようです。1つの結合をつくるのにも，電荷の偏りやフロンティア軌道を巧みに使う必要があります。化合物の合成や物質創製を詰め将棋に例える人もいます。決められた動きをする駒を動かし，時には守りも固め（保護基の利用），捨て駒も使いながらゴールを目指します。化学は，自然のルールの中で，段取りを決めて進める知的で創造的な営みなのです。また，しびれた。

6）有機化学（Organic Chemistry）は，生命体（Organism）の名残です。

練習問題と課題

問題1　（1）原子価とは，何か。
（2）H_3O^+はどのような構造になるか，予想しなさい。

問題2　（1）水素結合とは，どのような結合か。
（2）CH_4同士は水素結合を作るか，作らないか，その理由とともに答
えなさい。

問題3　ダイアモンドは電流を通さないが，同素体であるグラファイト
は通す。なぜか。

5 | 炭素がつくる多彩で多才な分子：有機化学

三島正規

《**目標＆ポイント**》　炭素の化合物である有機化合物の基本的な性質，社会における利用について学習します。体の中の有機物についても学びます。
《**キーワード**》　有機化合物，シス－トランス異性体，官能基，有機電子論

1. 有機化合物とは

　生き物に含まれる炭素の化合物は（10 章），生き物のみが作ることができる特別な物質と考えられ有機物と名付けられました。現在では，従来の意味での有機物を含みつつ，炭素原子を骨格とする化合物の総称が**有機化合物**[1]とされています。医薬品 (11 章) や高分子（ポリマー）（9 章）など，様々な種類の有用な有機化合物が人工的に生み出され，私たちの生活に役立っています。現在までに有機化合物の反応に関する膨大な知識が蓄積され，それらを組み合わせ，新たな機能をもった化合物を作り出すことも有機化学の重要な側面です。第 5 章では，広大な有機化学の全貌を眺めるための基礎を学習します。

2. 化合物の描き方，書き方

　分子の構造には様々な書き方があります。図 5－1 に次節（3 節）でとりあげる炭素 6 個の化合物である 2- ヘキサノールの構造を示します。(a) **構造式**の線 (–) は共有結合を表します。(b) **骨格構造式**（線構造式，

---

1) 炭素の化合物であっても，二酸化炭素，一酸化炭素，炭酸塩（$CaCO_3$ など）などは無機化合物として取り扱われます。

line formula）では，水素 H，
炭素 C を省略し，共有結合[2]だ
けを描きます。4 節でとりあげ
るような**官能基**[3]（この場合ヒ
ドロキシ基，-OH）は，省略し
ません。コンピューターグラ
フィックスでの描き方には，原
子を球で，結合を棒で表した
(c) **Ball and Stick** モデルや，
原子を球で表す（d）**空間充填
モデル**[4]もあります。

(a)

(b)
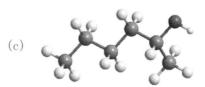

(c)

(d)

3. 炭化水素

　もっとも基本的な有機化合物
は，炭素と水素からなる炭化水
素です。炭化水素は，炭素－炭
素の結合様式によって，アルカ
ン，アルケン，アルキンと分類
されます。

図 5-1　2-ヘキサノール分子の描き方
(a) 構造式，(b) 骨格構造式，
(c) Ball and Stick モデル，
(d) 空間充填モデル

　メタン（CH_4）のように炭素原子と水素原子からできていて，炭素原
子がすべて sp^3 混成軌道となっている化合物をアルカンと総称し，それ
らはすべて C_nH_{2n+2} の組成をもっています。アルカンは炭素原子を中心
に四面体構造をとります（4 章）。

2）紙面に向かって奥へ突出する結合は点線のくさび形で，手前で突出する結合は
　黒塗りのくさび形で書きます。
3）-OH，$-NH_2$ 等
4）提唱者の Corey，Pauling，Koltun の頭文字をとって CPK モデルとも呼ばれま
　す。

　一方，炭素間に二重結合を含む炭化水素はアルケンとよばれ，アルカンより水素が2個少ないC_nH_{2n}の組成をもちます。炭素－炭素間の二重結合を形成する炭素は，sp^2混成軌道を形成しており，二重結合を含む部分は平面状の構造となります（4章）。二重結合の各炭素原子に結合している2つの原子（または原子団）が異なるとき，それらが同一面内で二重結合を結ぶ線に対して同じ側にある構造をシス型（シス体），反対側にある構造をトランス型（トランス体）と呼びます。シス体とトランス体は同じ分子式で書くことができますが，構造が異なるのでシス－トランス異性体と呼びます（図5-2）。

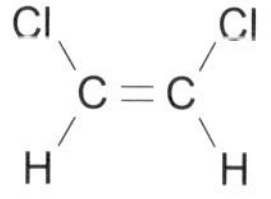

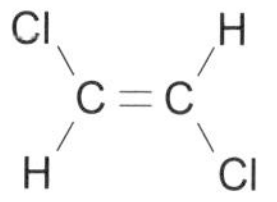

cis-1,2-ジクロロエテン　　　　　　　　　*trans*-1,2-ジクロロエテン

図5-2　1,2-ジクロロエテンのシス－トランス異性体

　炭素間の結合に三重結合を含む炭化水素は，アルキンとよばれ，C_nH_{2n-2}の一般式で表されます。アルキンの三重結合は付加反応を起こし，合成繊維やプラスチックの原料化合物が合成されます（9章）。

　また，ベンゼンC_6H_6は，エチレンと同じsp^2混成軌道によって形成され，6つの炭素は同一平面に存在し，結合の角度は120°となります。ベンゼン環をもつ化合物を一般に芳香族化合物[5]とよびます。ベンゼンC_6H_6の構造は1865年にドイツのケクレによって初めて示されました。芳香族化合物には毒性や発ガン性のあるもの，逆に生体の機能に重要な役割を担っているものもあり，医薬品の原料にもなります。また，洗剤，合成ゴム，プラスチックなどの原料としても重要です（9章）。

5）芳香族化合物の正確な定義は，巻末参考文献の化学結合論を参照。

4.　様々な官能基をもつ有機化合物

　次は，酸素や窒素を含む有機化合物です。これらの原子を含む部分的な化学構造を指して，官能基と呼びます。官能基には，それぞれ特有の性質があり，化合物の性質や反応性に大きな影響を与えます。4節では，様々な官能基について学習します。

（1）アルコール

　アルコールは，官能基として **OH 基（ヒドロキシ基）** を持つ炭化水素です。OH 基により水分子と水素結合を形成することで（4章），炭素数の少ないアルコールは水によく溶けます。メタノール（CH_3OH）は毒性がありますが，エタノール（CH_3CH_2OH）は，酒類として飲用でき，酒類は糖類の発酵によって製造されます。

（2）エーテル

　エーテル は，–C–O–C– という構造をもち，水に溶けにくく，有機化合物をよく溶かすので，有機溶剤[6]として広く使われます。環状構造を持ったテトラヒドロフランは，たいていの有機化合物を溶解するだけでなく，水ともよく混ざることから大変便利な溶剤です。さらに大きな環状構造をもち，エーテル基を複数もつポリエーテルは大変興味深い性質を持つことが知られています（図 5 – 3）。

| テトラヒドロフラン | 18-クラウン-6 | 15-クラウン-5 |

図 5 – 3　環状エーテル

6）有機化合物を溶媒として用いるもの。

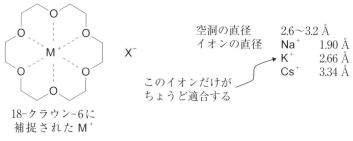

図5-4　18-クラウン-6と陽イオン

　図5-3に示したような環状エーテルは，王冠のかたちをしているこ
とからクラウンエーテルと呼ばれ，陽イオンと錯体を形成します。

　すなわち，環の大きさと陽イオンの大きさの組み合わせが適当であれ
ば，この分子の内側に陽イオンが選択的に取り込まれます。たとえば
18-クラウン-6はK$^+$イオンと強く結合し，それよりも小さなNa$^+$イオ
ンや大きなCs$^+$イオンとは弱くしか結合しません（18は炭素数を，6は
酸素数を表す）。一方，より小さな15-クラウン-5ではNa$^+$イオンに対
して強く結合します（図5-3，5-4）。このようなクラウンエーテルを
適量添加することで，イオンや電荷をもった分子を有機溶媒中に溶解で
きるようになります。特定の物質（ゲストと呼ぶ）と選択的に結合する
化合物をホスト化合物と呼び，ホスト－ゲスト化合物の開発が行われて
います。

（3）カルボン酸
　カルボキシ基 -C(OH)=O は，**カルボニル基**（>C=O）と OH 基が
組み合わさって出来ています。H$^+$を放出し，酸[7]として働きます。カ
ルボキシ基をもつ化合物は**カルボン酸**と呼ばれます。カルボン酸は，レ

7）酸と塩基については，6章を参照。

モンなどの柑橘類、ヨーグルト、食酢などの食物の酸味のもとになっており、動植物の油脂を加水分解して得られるカルボン酸は、特に脂肪酸とよばれます。

（4）エステル

エステル（-O-CO-）はカルボン酸とアルコールが脱水縮合[8]した化合物です。低級（分子量の小さい）カルボン酸と低級アルコールとのエステルは果実の香りがし、合成香料や果実のフレーバーとして化粧品や加工食品に使用されます。生き物に含まれる**脂肪**は、**脂肪酸**と**グリセロール**のエステルです。

$$R^1COOH \qquad\qquad HO-CH_2 \qquad\qquad R^1COO-CH_2$$
$$\qquad\qquad\qquad\qquad\qquad\qquad |\qquad\qquad\qquad\qquad\qquad |$$
$$R^2COOH \quad + \quad HO-CH \qquad\qquad R^2COO-CH \quad + \quad 3H_2O$$
$$\qquad\qquad\qquad\qquad\qquad\qquad |\qquad\qquad\qquad\qquad\qquad |$$
$$R^3COOH \qquad\qquad HO-CH_2 \qquad\qquad R^3COO-CH_2$$

脂肪酸　　　　　　グリセロール　　　　　脂肪
（$R^{1\sim3}$ は炭化水素基）

脂肪酸の $R^{1\sim3}$ の部分に二重結合がない**飽和脂肪酸**と、二重結合がある**不飽和脂肪酸**があります。飽和脂肪酸が多く含まれる脂質では、炭素鎖が規則正しく並んでいるので、分子間での接触面積が大きくなります。一方、不飽和脂肪酸が多く含まれている脂肪では、脂質分子の詰まり方が不規則で接触面積が小さくなります。したがって、飽和脂肪酸を含む脂質は融点が比較的高く、不飽和脂肪酸を含む脂肪は融点が比較的低い傾向があります。通常、動物の脂肪には飽和したアルキル鎖をもつ脂肪の割合が多いため常温で固体であるものが多く、植物油では不飽和なアルキル鎖をもつ脂肪が多いために、常温で液体であるものが多いことが知られています。不飽和脂肪酸の炭素－炭素間の二重結合に水素を

8）アルコールとカルボン酸が反応する際にアルコールのヒドロキシ基から -H と、カルボン酸のカルボキシ基から -OH が外れ、2つの分子の間には新たな共有結合（エステル結合）が形成される。-H と -OH は H_2O となる。図5-9も参照して下さい。

付加させると（6章で学ぶ還元）飽和脂肪酸になることから，植物油を部分的に水素付加すると二重結合の一部が飽和結合（単結合）になり，マーガリンのような軟らかい固体の脂肪を作ることができます。体の中の不飽和脂肪酸はシス型で存在します。しかし，人工的に不飽和脂肪酸を還元して飽和脂肪酸を作成する際には，飽和脂肪酸のみではなく二重結合が残ったまま化学的には安定なトランス型に変換（**異性化**）された**トランス脂肪酸**もできてしまいます。

シス型（オレイン酸）　　　　　　　　　トランス型（エライジン酸）

トランス脂肪酸[9]は体内で蓄積されやすく，高脂血症等をもたらすことが知られており，多くの国ではトランス脂肪酸の摂取を制限する取り組みがなされています。

（5）アミン

アミノ基（$-NH_2$）を有する化合物を**アミン**といいます。アミノ基は塩基性（6章）を示し，また，エステルやカルボン酸と反応してアミド結合（$-NH-CO-$）を持つアミド化合物になります。

（6）複素環式化合物

炭素以外に，窒素，酸素，硫黄など他の元素を含んで環をつくっている化合物を**複素環式化合物**と呼びます。複素環式化合物は，生体の機能に重要な役割を果たすものも多く，核酸，アミノ酸，あるいはビタミンの中にも複素環を含むものがあります。植物中にあるアルカロイド[10]

9）からっとした揚げ物の食感などのため用いられる食品添加物であるショートニングも植物性油脂の水素化で作れ，トランス脂肪酸を含みます。
10）窒素を含む天然由来の化合物の総称。

は，強い生理作用を有することから大変強力な毒であったり，医薬品として利用されたりすることもあります。茶にはポリフェノール[11]の一種，カテキンが多く含まれます（図５－５）。

OH
HO
O
OH
OH
OH

図５－５　カテキンの構造

5. 有機物化合物の構造と色

４章で学習したπ電子共役系の HOMO と LUMO とエネルギー差は，π電子共役系が長くなるほど，小さくなることが知られています。すなわち HOMO から LUMO への電子１つの遷移が，より小さいエネルギーで行われることから，π電子共役系が長い分子では，より長い波長の光によって励起されるようになります。したがって，π電子共役系の短い分子は短い波長（紫外光）を吸収し無色ですが，π電子共役系の長い分子では可視光領域の光を吸収して着色します。この性質を巧みに利用したのが pH[12]指示薬のフェノールフタレイン溶液です。

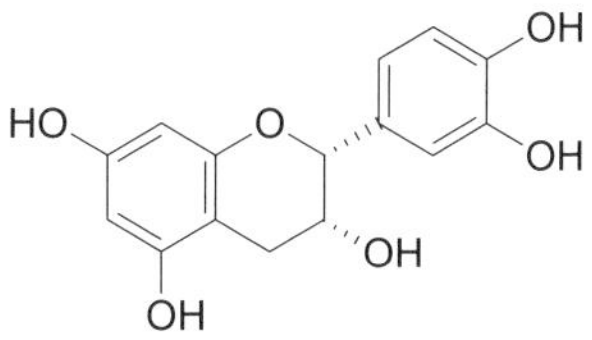

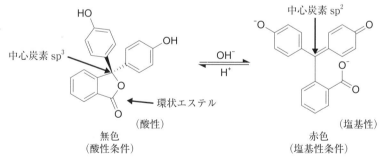

HO
OH
中心炭素 sp3
O
O
環状エステル
（酸性）
無色
（酸性条件）
OH⁻
H⁺
中心炭素 sp2
⁻O
O
O⁻
O
（塩基性）
赤色
（塩基性条件）

図５－６　フェノールフタレインの酸性と塩基性での構造

11）芳香環に結合したヒドロキシ基が結合した分子の総称。図５－５はカテキンの中でも（-)－エピカテキン。詳細は成書を参考のこと。

12）水素イオン濃度を表す。７を中性とし，酸性のときは，それよりも小さな値，塩基性のときは，大きな値となります。６章参照。

フェノールフタ
レインは酸性[13)]で
は環状エステル構
造をとり，中心の
炭素原子は sp³ 混
成軌道を形成して
います。そのため
３つのベンゼン環
の間には π 電子共
役系がありませ
ん。したがって，
短い π 電子共役系

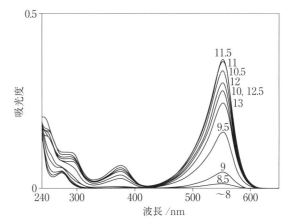

図5-7　フェノールフタレイン溶液の pH8〜13 で
　　　　の吸収スペクトル

しかないので可視光を吸収せず，無色です。しかし塩基性では環が開裂
し，カルボキシ基ができるとともに，中心の炭素が sp² 混成軌道をとり，
共役系が分子全体に広がります（図5-6）。したがって，可視光領域の
光を吸収するようになります。吸光度（どれだけ光が吸収されたか）を
波長に対してプロットしたグラフを吸収スペクトルと言います。
図5-7の吸収スペクトルに示すように，塩基性では，可視光領域の
552 nm に強い吸収極大をもちます。550 nm 付近は黄緑〜緑色の光であ
り，この色を吸収した結果，その補色の赤〜赤紫色に見えることになり
ます[14)]。

6. 有機化合物の反応

有機化学における反応，すなわち共有結合の形成と解離を考えるには，
電子の偏りを知ることが大切です。ロビンソン（Robert Robinson），イ
ンゴールド（sir Christopher Kelk Ingold）らによって 1920 年代に確立

---

13)　6 章参照。
14)　太陽光は様々な波長の可視光を含みますが，分子が特定の波長の光を吸収した
　　　後に残った光を私たちヒトは感じます。補色と言います。

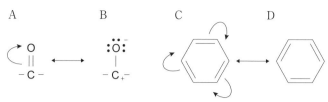

図 5-8　共鳴と極限構造式

された「**有機電子論**」では，この電子の偏り（電子対の移動）を考える上で，矢印を用います。これは現在でも有機化学者が反応を定性的に理解する上で，大変便利なツールとなっています。

　例えばカルボニル基では炭素と酸素で，ポーリングの**電気陰性度**が，2.5（炭素），3.5（酸素）という違いから，酸素に電子が偏ります。構造 A から共有結合を形成している共有電子対を移動させ[15]，酸素原子に完全に移動した構造 B を考えます（図 5-8 のような曲がった矢印が用いられます）。この B の構造式を極限構造式といいます。極限構造式のような構造は実際に存在するわけではなく，実際の構造は A と B の混ざったもの（共鳴混成体）と考えます。この考え方を**共鳴**といいます。共鳴の考え方では，ベンゼンの構造は，極限構造式 C と D の共鳴混成体となります。実際の構造は C と D の中間です。

　さて，酢酸とエタノールのエステル化（脱水縮合）について有機電子論の立場で考えてみましょう。高校の化学の範囲ではエステル化とは，酢酸（カルボン酸）から OH が取れて，アルコールから H がとれる脱水縮合と学習しました（図 5-9）。また触媒として酸（H^+）が必要であるとされます。

　このエステル化の反応を図 5-10 のように有機電子論で考えます。有機化合物の反応は共有結合の「生成」と「切断」で進みます。新しい結合ができる際にはもともと結合に関与していなかった非共有電子対が

---

15) 移動という言葉が良く用いられますが，2 つの原子が 1 つずつ電子を出し合って出来た共有結合（電子 2 個）が，片方の原子に完全に「乗り移って」，非共有電子対に「変換」されるという意味の電子対の移動です。その逆も起こります。

（多くの場合，電子のたりない）別の原子との間で共有され，共有電子
対（共有結合）となります。非共有電子対と共有電子対の移動を曲がっ
た矢印で書きます。

　まず①の最初の段階で，図 5 - 8 の A，B で見たように，酢酸のカル
ボニル基（C＝O）の 1 つの共有電子対が酸素に移動した極限構造式を
考えます。カルボニル基にはマイナスに帯電した酸素とプラスに帯電し

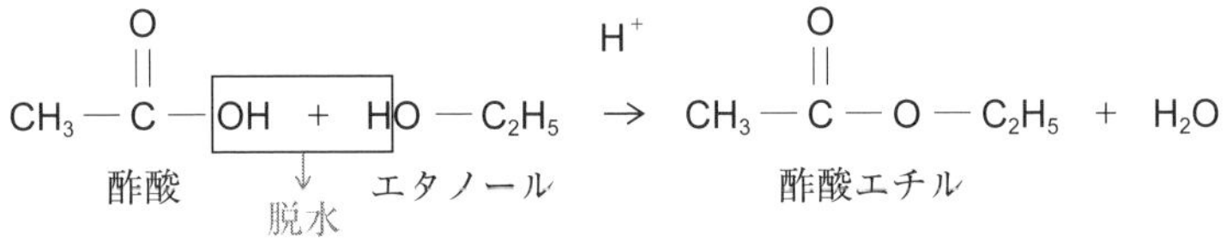

図 5 - 9　エステル化（高校化学）

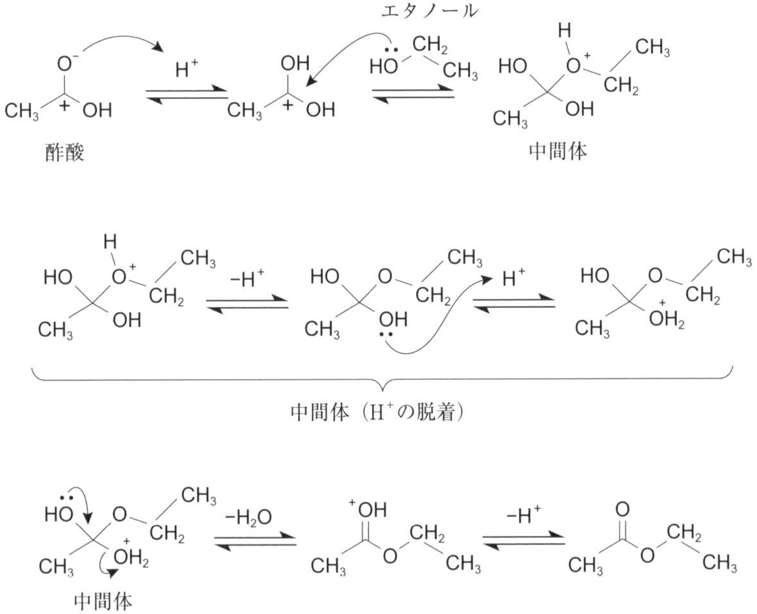

図 5 - 10　エステル化（有機電子論）
図 5 - 10 では非共有電子対は反応に関与するもののみ：で示す

た炭素ができています。H^+存在下ですので，マイナスに帯電している酸素には，H^+が結合します。さらに，プラスに帯電した炭素に対しては，エタノールのヒドロキシ基の酸素が自身の非共有電子対を共有電子対として与えることで，新たに結合を形成します（エタノールからの矢印）。したがって，エタノール由来の酸素は非共有電子対を共有電子対として電子を1個与えたのでプラス電荷を持ちます。一方，カルボニル基の炭素は電子を1個もらうことになるので中性になります。

　また②に示すように，①で出来た中間体は，プラス電荷をもっている OH（$-OH^+-$）から H^+ が外れ，他の OH に H^+ が結合した構造と平衡状態にあります。

　そして③では，中間体から $H-O^+-H$ が外れるのですが，共有電子対が移動することで，中性の水分子（$H-O-H$）になります。このままだと，炭素がプラスになってしまうのですが，$-OH$ の非共有電子対が炭素に移動することで $>C=O^+H$ となります。このとき酸素はプラス電荷を持ちます。この酸素から H^+ が外れると，エステルができます。

　有機電子論で考えると，エステル化とは，本質的には，カルボニル基の炭素と酸素の二重結合において，共有電子対が酸素に移動したことでプラスになる炭素に対して，アルコールの OH 基の非共有電子対が新たに結合を形成していく反応と見ることができます。したがって，高校化学では丸暗記していた，カルボン酸から OH，アルコールから H が取れる，というのは反応の成り行きからして当然というわけです。

7. 複雑な有機化合物

　有機反応の理解や知識が蓄積すると，複雑な天然物を人工的な合成（全合成と呼ぶ）が可能になりました。1940 年代～1970 年代にウッドワード（Robert Burns Woodward）はキニーネ，コルヒチン（いずれ

84

もアルカロイド），ビタミン B_{12} などの全合成に成功しています。また全合成を試みる過程で，新たな反応が開発され，反応メカニズムの理解が進んだという側面もあります。例えば，ウッドワードらは，多くの天然物の全合成を試みつつ，有機電子論だけでは統一的な理解が困難であった反応をまとめるために，分子軌道の考え方を導入し，ホフマン（Roald Hoffmann）とともにウッドワード・ホフマン則[16]を確立しました。これにより反応の際の立体構造に関する理解が進みました。一方，福井謙一博士は，ナフタレン（図5-11）と電子を欲しがる分子が反応すると（求電子置換反応）もっぱら1位の炭素

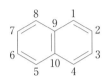

図5-11　ナフタレン（$C_{10}H_{10}$）

に結合した水素ばかりが置換されること，さらに電子を与えたがる分子が反応すると（求核置換反応）やはり1位が選ばれることなどを，フロンティア軌道に基づき見事に説明しました。化学原理の研究で，ウッドワード，ホフマン，福井は1981年のノーベル化学賞を受賞しました。

　図5-12はフグ毒よりも数十倍も強い毒として知られているパリトキシンです。その構造は非常に複雑で，分子式は $C_{129}H_{223}N_3O_{54}$（分子量2680）です。その構造は，1981年から1982年にかけて，ムーア（Richard E.Moore）らのグループと上村大輔，岸義人らのグループにより決定されましたが（図5-12），1994年には，岸義人[17]らにより全合成（人工的な合成）が達成されています。これは，現在においても金字塔的な成果とされています。パリトキシンは64個の不斉炭素[18]をもつことから 2^{64} 個の立体異性体が理論上考えられます。このうちたった1つのみを選択的に合成するという離れ業です。

16）分子軌道，ウッドワード・ホフマン則や福井理論を詳しく学びたい人は，量子化学（巻末参考図書）を参照。
17）フグ毒のテトロドトキシンの全合成にも成功しています。
18）sp^3 の炭素で，4つの異なる原子団が結合しているもの。不斉炭素があると2つの立体異性体が存在する。

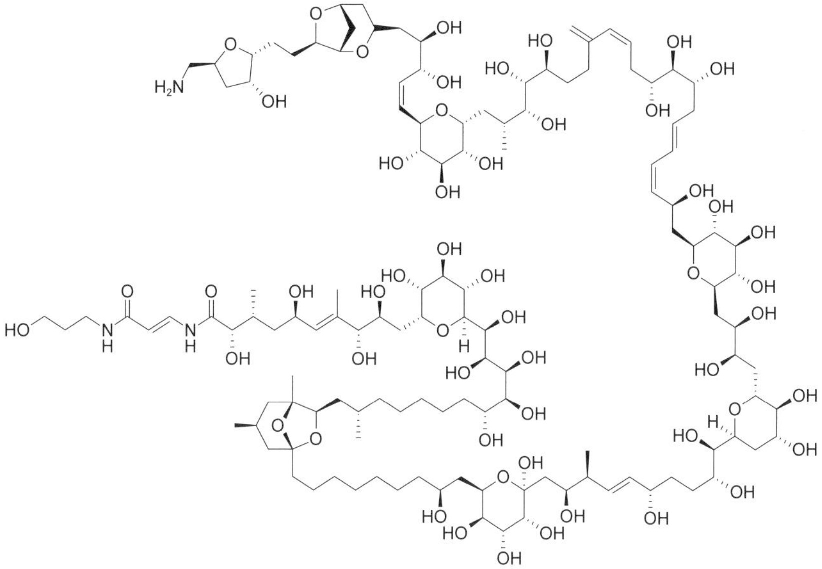

図5-12　パリトキシンの構造【Wikimedia Commons】

8. まとめ

　非常に多様な構造と性質をもち，工業材料や製品，あるいは生体関連物質として姿を現す有機化合物，まさしく多彩・多才です。しかし，その構造や反応は，本書で学習する炭素の混成軌道と，有機電子論，さらには分子軌道で，その多くが理解できるのです。有機化学の進展で，天然からごくわずかしか得ることができない複雑な構造をもつ有機物の全合成が次々に成功し，高機能な有機化合物の開発が加速しています。

練習問題と課題

問題 1 　アルケンであるエチレンと，ベンゼンはともに sp^2 混成軌道による炭素 – 炭素間の π 結合を有するが，臭素の付加反応を行うとき，どちらの π 結合が，より容易に反応するか調べて，その理由とともに答えなさい。

問題 2 　シクロデキストリンの構造を調べなさい。また，シクロデキストリンがホスト化合物となるゲスト化合物として，どのようなものがあるのかについて調べ，なぜ化合物がシクロデキストリンに結合する（包接される）のか考えなさい。

問題 3 　アミド結合はカルボニル基の炭素と，窒素の間の結合が単結合ではなく，二重結合性を有する。これを共鳴の概念を用いて説明しなさい。

6 | 化学平衡・酸塩基・酸化還元

藤野竜也

《**目標＆ポイント**》 化学平衡，酸塩基，緩衝溶液，酸化還元といった化学の基本事項を学習します。
《**キーワード**》 反応速度，化学平衡，触媒，活性化エネルギー，ルシャトリエの原理，緩衝溶液，酸化還元，酸化数，電気分解

1. 化学平衡

　物質を混ぜるとどのような化学反応が起きるのでしょうか。結果を知るために実験を1つ1つ行っていくと，どれだけ時間があっても足りません。私たちが比較的少ない実験をして，その結果を使って異なった条件で行った実験の結果を予測することができれば，これほど有意義なことは無いでしょう。化学平衡の知識はその方針を私たちに示してくれます。さらに酸塩基，酸化還元は，複雑な化学反応を理解する上で非常に役立つ概念となります。これらは様々なところで私たちの生活に関係しています。

（1）反応速度

　化学平衡を説明する際によく使われる気相での水素（H_2）とヨウ素（I_2）の反応を本書でも取り上げます。水素とヨウ素が反応してヨウ化水素が生成します。

$$H_2 + I_2 \rightarrow 2HI \tag{6.1}$$

　化学反応は分子同士の衝突とそれによる原子の再配列ですから，水素とヨウ素の1秒あたりの衝突回数（衝突速度）が増せば，1秒間に生成するヨウ化水素の量（反応速度）も増えていきます。単位時間あたりに増加，減少する濃度の量を**反応速度**と呼びます。つまりヨウ化水素が生成する反応速度（v_f）は，水素とヨウ素の濃度の積（$[H_2][I_2]$）に比例します。

$$v_f = k_f[H_2][I_2] \tag{6.2}$$

ここで，k_f は比例定数です。さて，ヨウ化水素が生成して濃度が高くなると，今度はヨウ化水素同士の衝突も無視できなくなります。ヨウ化水素同士の衝突で元の水素とヨウ素へ戻っていきます。

$$H_2 + I_2 \leftarrow 2HI \tag{6.3}$$

2個のヨウ化水素分子が衝突して反応が起きるので，水素やヨウ素の生成速度（v_b）は，ヨウ化水素の濃度の積（$[HI][HI]$）に比例します。

$$v_b = k_b[HI][HI] \tag{6.4}$$

ここで，k_b は比例定数です。実際の実験では右向きの反応（正反応）と左向きの反応（逆反応）が同時におきるので，両方を同時に書いた下のような反応式を書きます。

$$H_2 + I_2 \rightleftarrows 2HI \tag{6.5}$$

ですから実際の実験で測定できる正味の反応速度（v_{net}）は，正反応と逆反応の速度の差になります。

$$v_{net} = v_f - v_b \tag{6.6}$$

（2）平衡

　反応が進むとヨウ素と水素の濃度が減っていくので徐々に v_f が減少します。一方，ヨウ化水素の濃度が増えるとヨウ化水素同士の衝突は増え v_b が増加していきます。このため最終的には v_f と v_b が同じ値（$v_{net}=0$）になります。$v_{net}=0$ の状態を**平衡状態**（equilibrium state）と呼びます。平衡状態では水素，ヨウ素，ヨウ化水素の濃度変化はこれ以上起こりません。しかし反応が止まっているわけではなく，正反応と逆反応が同じ速度で進行しています。さて，$v_{net}=0$ より以下の式が成り立ちます。

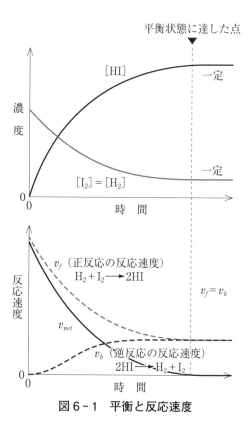

図6-1　平衡と反応速度

$$\frac{[\mathrm{HI}][\mathrm{HI}]}{[\mathrm{H_2}][\mathrm{I_2}]} = \frac{k_f}{k_b} \equiv K \tag{6.7}$$

K は温度によって値が定まり，**平衡定数**（equilibrium constant）と呼ばれています。この平衡定数を使えば，反応で生成あるいは消滅する物質

の最終的な濃度を予測することができます。

　平衡定数を計算する上で，正反応と逆反応の反応速度を割り算しています。つまり平衡定数の値には時間に関する情報はもう含まれていません。このため反応が平衡に達するまでの時間は長いのか短いのか分からなくなります。例を挙げると，水素と酸素から水が生成する反応があります。

$$2H_2 + O_2 \rightleftarrows 2H_2O \tag{6.8}$$

　この反応における平衡定数の値は25℃で10^{83}と極めて大きな値です。この大きな値が意味することは，「平衡状態で，（ほぼ）完全に水が生成する」ということです。しかし反応容器の中に水素と酸素を入れて放置しても，数日どころか数年経っても観測できるほどの水は出来ないでしょう。つまりこの反応が平衡に達するまでには気が遠くなるほどの長い時間が必要なのです。では上の反応によって我々は水を得られないか，というとそうではなく，**触媒**を用いることで平衡に達するまでの時間を短くすることができます。触媒は反応の道筋（経路）を変える働きがあり，最終生成物に至るまでの反応速度を大きくすることができます。一般に化学反応では原子分子の組み換えがおきます。反応の過程には結合が切れかかったり新しい結合ができたりするエネルギーの高い状態（**活性化状態**[1]）を経由します。この活性化状態になるために必要なエネルギーを**活性化エネルギー**と呼びます。触媒は反応の経路を変えるため活性化エネルギーの値も変化します。このことにより，遅い反応も比較的早い反応に変えることができます。

（3）ルシャトリエの原理
　ある反応の条件が変わったときに，物質の濃度はどのように変化する

1）遷移状態ということもあります。

のでしょうか。ルシャトリエ（Henry Louis le Châtelier）は、「化学反応が平衡状態にあるとき、反応混合物の濃度、圧力、温度などの条件を変化させると、その変化を和らげる方向に反応が進み、新しい平衡状態になる」という原理を発表し、これを我々は**ルシャトリエの原理**と呼んでいます。先の水素とヨウ素の反応では、平衡定数の値は 600 K で 69.4 とわかっています。

$$K = \frac{[\text{HI}][\text{HI}]}{[\text{H}_2][\text{I}_2]} = 69.4 \tag{6.9}$$

もし 600 K でヨウ素が追加されたとすると、上の式の分母における $[\text{I}_2]$ の値が大きくなります。しかし平衡定数の値はこの温度で 69.4 と決まっていますので、ヨウ素の増加を打ち消すためには、式の分子にあるヨウ化水素の濃度 $[\text{HI}]$ の値が大きくなる必要があります。実際、ヨウ素を増やすとヨウ化水素を増やす方向に反応が進みます。

2. 酸と塩基

（1）酸と塩基の定義

　水はわずかに電離していて、水素イオン（H^+）と水酸化物イオン（OH^-）を生成します。水素イオンは極めて反応性が高く水分子と結合したヒドロニウムイオン（H_3O^+）として水中に存在します。

$$2\text{H}_2\text{O} \rightleftarrows \text{H}_3\text{O}^+ + \text{OH}^- \tag{6.10}$$

　酸と塩基の定義は現在3種類あります。アレニウスの定義、ブレンステッド・ローリーの定義、そしてルイスの定義です。アレニウスによる定義では、水素イオンを放出する物質が酸、水酸化物イオンを放出する物質が塩基と定義されます。例えば、塩化水素（塩酸）は水に溶けると水素イオンと塩化物イオンを放出します。

$$HCl + H_2O \rightarrow H_3O^+ + Cl^- \qquad (6.11)$$

このため塩化水素は酸に分類できます。一方，水酸化ナトリウムは水に
とけて水酸化物イオンを放出します。

$$NaOH \rightarrow Na^+ + OH^- \qquad (6.12)$$

ですので，水酸化ナトリウムは塩基に分類できます。

　しかしアレニウスの定義では例えばアンモニアのように分子内に水酸
基（-OH）[2]を持っていない分子の塩基性（後述）が説明できません。そ
こでブレンステッド・ローリーの定義が用いられます。この定義では水
素イオンを他に与えることのできる物質が酸であり，水素イオンを受け
取ることができる物質が塩基です。水素イオンは電子を全く持たない水
素原子の原子核（プロトン）です。このため他の原子が持つ非共有電子
対に結合しやすい性質を持ちます。言い換えると非共有電子対を受け取
る物質が酸であり，非共有電子対を供与する物質が塩基です。これはル
イスの定義であり，ブレンステッド・ローリーとルイスの定義は同じこ
とを意味しています。

アレニウスの定義	H^+を放出する物質が酸 OH^-を放出する物質が塩基
ブレンステッド・ローリーの定義	H^+を与える物質が酸 H^+を受け取る物質が塩基
ルイスの定義	非共有電子対を受け取る物質が酸 非共有電子対を与える物質が塩基

図6-2　酸と塩基の定義

2）ヒドロキシ基と同じですが，酸塩基の議論ではよく水酸基と呼ばれます。

（2）酸と塩基の中和反応

　酸とは酸味があり，食酢に代表されるような食感を持ちます。みかん
やレモンといった柑橘類にもクエン酸やアスコルビン酸といった酸が
入っており，すっぱく感じます。一方，塩基は味としての魅力はありま
せんが，タンパク質をアミノ酸に分解する力を持っています。このため
目や皮膚に付いたときに大きな損傷を与えるので注意が必要です。この
酸と塩基は互いに反応します。例えば塩化水素と水酸化ナトリウムを混
合させると反応が起き，結果として水が生成します。

$$HCl + NaOH \rightarrow NaCl + H_2O \tag{6.13}$$

　この反応は，**中和反応**と呼ばれる反応の一種です。水素イオン濃度と
水酸化物イオン濃度が等しい溶液を**中和溶液**と呼びます。純水は中和溶
液の1つです。酸性溶液は水素イオン濃度が水酸化物イオン濃度よりも
高く，塩基性溶液はその逆です。すべての水溶液について水素イオン濃
度と水酸化物イオン濃度の間には以下の関係が成り立ちます。

$$[H^+][OH^-] = 1 \times 10^{-14}[(molL^{-1})^2] \tag{6.14}$$

　上の式を**水のイオン積**と呼びます。純水又は中和溶液では，水素イオ
ン濃度と水酸化物イオン濃度が等しく $1 \times 10^{-7}[molL^{-1}]$ です。

（3）pH

　水素イオン濃度を表す pH は次の式で与えられます。

$$pH = -\log_{10}[H^+] \tag{6.15}$$

　例えば，水素イオン濃度が $1 \times 10^{-3}[molL^{-1}]$ の場合，pH の値は"3"
です。pH が7以下の溶液は酸性溶液，7以上は塩基性溶液です。人間

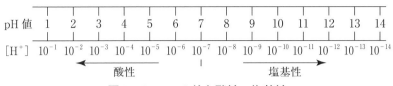

図 6 - 3　pH の値と酸性・塩基性

の血液は pH 7.5 程度であり若干塩基性になっています。海水も 8 程度で塩基性です。一方，レモンジュースはレモンに含まれるクエン酸によって pH 2.5 程度で酸性であり，ヨーグルトも含まれている酪酸の影響で 4 程度の酸性です。pH の値が 1 違えば，水素イオン濃度は 10 倍違います。

（4）緩衝溶液

　酸と塩基を加えても pH の変化が起こりにくい現象を**緩衝作用**，このような性質を持った溶液を**緩衝溶液**と言います。我々の口の中で活躍する唾液は，緩衝作用により歯が溶けない pH 6.8〜7.0 に保たれてい

表 6 - 1　緩衝溶液の例と pH 範囲

緩衝溶液	pH 範囲
塩酸 - 塩化カリウム	1.0-2.0
フタル酸 - フタル酸水素カリウム	2.2-3.8
酢酸 - 酢酸ナトリウム	3.7-5.6
リン酸二水素ナトリウム - リン酸一水素ナトリウム	5.8-8.0
塩化アンモニウム - アンモニア	8.0-10.0

ます。血液も緩衝作用によって pH が一定値になっています。pH 値が減少すると糖尿病などを引き起こしますが，これは代謝により生じる炭酸やリン酸，尿酸などに起因することが知られています。

　一般に弱酸とその塩，または弱塩基とその塩の混合溶液には緩衝作用があります。例えば弱酸の 1 つである酢酸水溶液では次の電離平衡が成り立ちます。

$$CH_3COOH \rightleftarrows CH_3COO^- + H^+ \tag{6.16}$$

また，酢酸のナトリウム塩である酢酸ナトリウムは水中で次のように完全に電離します。

$$CH_3COONa \rightarrow CH_3COO^- + Na^+ \tag{6.17}$$

このため，酢酸と酢酸ナトリウムの混合溶液では酢酸が単独で水に溶けているときに比べ，酢酸イオン（CH_3COO^-）の濃度が高くなります。酢酸の平衡定数の値は溶液の温度が変化しない限り変わらないため，増加した酢酸イオンの影響を抑えるべく次の反応が進みます。

$$CH_3COO^- + H^+ \rightarrow CH_3COOH \tag{6.18}$$

この混合溶液に酸を加えると，上の反応式と同様に酢酸イオンと水素イオンが反応して酢酸を生じさせ，水素イオンの増加分を抑えます。また塩基を加えると，次の反応により水酸化物イオンの増加分が除かれます。

$$CH_3COOH + OH^- \rightarrow CH_3COO^- + H_2O \tag{6.19}$$

従って少量の酸や塩基が加えられた場合，溶液の pH はほとんど変わりません。

3. 酸化と還元

（1）酸化還元反応

　鉄は屋外に置いておくと錆びます。これは鉄が酸素と反応したことが原因です。物質が酸素と結びつくことを**酸化**といい，鉄は酸化されたと言います。また鉄は自然に存在する赤鉄鉱（Fe_2O_3）や磁鉄鉱（Fe_3O_4）から酸素を取り除くことで得られます。化合物から酸素を外すことを**還**

元といい，赤鉄鉱や磁鉄鉱は還元されたと言います。実際の溶鉱炉内では，Fe_2O_3（酸化鉄（Ⅲ）[3]）が炭素によって還元されます。

$$2Fe_2O_3 + 3C \rightarrow 4Fe + 3CO_2 \tag{6.20}$$

　ここで Fe_2O_3 は確かに酸素が外れて Fe に変化していますので還元されていますが，その一方，炭素は酸素と結びついて（酸化されて）二酸化炭素（CO_2）に変化しています。この例のようにある物質が還元されると，必ず何か他に酸化された物質があります。酸化だけあるいは還元だけが単独で起こるのではなく，酸化と還元は必ず同時に対になっておきます。このような反応を**酸化還元反応**と呼びます。

　次の例としてプロパンの燃焼を考えてみます。

$$C_3H_8 + 5O_2 \rightarrow 3CO_2 + 4H_2O \tag{6.21}$$

　この場合プロパン中の炭素は水素が外れて酸素と結びつき二酸化炭素へと変化しています。つまり酸化されています。この反応の場合，還元されるのは酸素（O_2）以外ありませんが，還元を酸素が取られる反応と考えると説明が付きません。ここでは水素に注目し，水素を失う反応を酸化，水素を受け取る反応を還元と考えると説明ができます。しかし次の反応はどうでしょうか。これは 1800 年代後半からカメラのフラッシュ（閃光粉）として利用されたマグネシウム（マグネシウムリボン）の燃焼式です。

$$2Mg + O_2 \rightarrow 2MgO \tag{6.22}$$

　マグネシウム（Mg）は酸素と結びついたので酸化と言えます。しかしこの反応には水素も関与していません。還元をどのように考えればいいのでしょうか。電子に着目すると，この場合マグネシウムは電気的な

3）（Ⅲ）は鉄の酸化数（後述）が +3 であるという意味。

中性状態（Mg）から２価の陽イオン（Mg^{2+}）になります。一方，酸素は同じく電気的中性状態（O_2）から２価の陰イオンになります。つまり反応によりマグネシウムから電子が２個奪い取られ，酸素原子に与えられたことになります。つまり反応式において，**電子を失えば酸化，電子を得れば還元**と考えられます。このような観点から酸化鉄（Ⅲ）やプロパンの燃焼を見直すと，確かに電子の受け渡しで酸化と還元が理解できることが分かります。

（２）酸化数

　ここで酸化還元反応に適用できる**酸化数**という考え方を導入します。

①単体中の原子の酸化数は０とする（H_2 の H の酸化数は０）。

②化合物中の酸素原子の酸化数を -2，水素原子の酸化数を $+1$ とする（H_2O の O の酸化数は -2，水素原子の酸化数は $+1$）。

③単原子イオンの酸化数は，そのイオンの価数に等しい（Mg^{2+} の Mg の酸化数は $+2$）。

④電気的に中性な化合物中における成分原子の酸化数の総和を０とする（MgO 中で Mg は $+2$，O は -2 で，酸化数の総和は０）。

⑤多原子イオンの酸化数の総和はそのイオンの価数に等しい（MnO_4^- ではイオンの酸化数の総和は -1 なので，Mn の酸化数は $+7$）。

　この酸化数を用いると，化学反応式を**酸化還元**という観点から整理できるようになります。

（３）電池

　電池は我々の生活に利用されている酸化還元反応と言えます。１つの例が自動車に使われる鉛蓄電池です。鉛蓄電池では，負極では鉛（Pb）の板，正極では二酸化鉛（PbO_2）の板が使われ，これらが希硫酸に浸

されています。負極では鉛の酸化が起き，正極では二酸化鉛の還元が起きます。

$$（負極）Pb + H_2SO_4 \rightarrow PbSO_4 + 2H^+ + 2e^-$$

(6.23)

$$（正極）PbO_2 + H_2SO_4 + 2H^+ + 2e^- \rightarrow PbSO_4 + 2H_2O$$

　確かに負極では Pb が PbSO₄ に変化するため，鉛の酸化数は 0 から +2 へ変化し酸化されています。一方正極では，PbO₂ が PbSO₄ に変化するため，鉛の酸化数は +4 から +2 へ変化し還元されています。そして，この反応によって生じる電子（2e⁻）が外部に取り出され電池として利用されます。この鉛蓄電池のほか，実際に私たちの生活で利用するアルカリ乾電池，

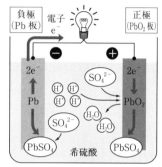

図6-4　鉛蓄電池の放電

リチウムイオン電池などもすべて酸化還元反応によって電子を外部に取り出します。

（4）電気分解とめっき

　電池では酸化還元反応に伴って自発的に移動する電子を電流として利用しますが，逆に電気エネルギーを与えて強制的に酸化還元反応を起こすことを**電気分解**と呼びます。外部電源の負極につないだ電極を**陰極**，また正極につないだ電極を**陽極**と呼び，電池の場合と区別します。

　図6-5は塩化銅水溶液の電気分解を示しています。陰極では陽イオンである Cu^{2+} が電子をもらい Cu に変化します（還元）。陽極では Cl^- が電子を出し塩素ガス（Cl_2）に変化します（酸化）。陰極では物質が強制的に還元されます。図のように電極に陽イオンが引き寄せられたのち

還元されて金属が析出する場合もありますが，イオン化傾向[4]の大きな金属陽イオンの場合は，電極を取り囲む水分子が還元され，水素ガス（H_2）が発生します。一方，陽極では物質が強制的に酸化されます。陰極と異なり，電極に用いられる金属が酸化される場合もあります。電極を取り囲むイオンや分子が酸化される場合もありますが，最も酸化されやすい物質から順に酸化されます。

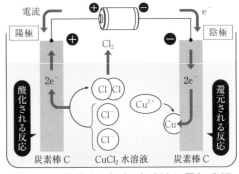

図6-5　塩化銅（Ⅱ）水溶液の電気分解

　この電気分解を利用したものに，めっきがあります。これは金属の表面に電気分解で他の金属の膜を付けて，腐食を防いだり外観を保ったりする目的で行われます。このめっき（電解めっき）ではめっきしたい金属を陰極にして電解質溶液中に浸し外部電源につなぎます。鉄に亜鉛をめっきしたものをトタンと言います。トタンでは表面にできた亜鉛の膜が鉄の酸化（さび）を防ぎます。もし亜鉛膜が壊れて鉄が露出したとしても，亜鉛の方が酸化されやすい性質を持つため，亜鉛が残っている限りは鉄の腐食を防止することができます。この亜鉛のような金属を鉄の身代わりになるという意味で，犠牲金属と呼んでいます。

練習問題と課題

問題1　pH＝1のとき，水素イオン濃度[H^+]はいくらか。

問題2　緩衝溶液とは何か説明しなさい。

問題3　犠牲金属とは何か説明しなさい。

4）溶液中において原子または原子団のイオンへのなりやすさ。

7 | エネルギーと化学

橋本健朗　藤野竜也

《**目標＆ポイント**》　物質のエネルギー，熱，電気エネルギーを学びます。また，原油の分留，さらに電子移動によってエネルギーを得る仕組みを学習します。
《**キーワード**》　熱力学第一法則，熱力学第二法則，エンタルピー，エントロピー，ギブスエネルギー，カルノーの式，半導体，光電効果，PN 接合

1. 物質のエネルギー

　私たちの生活において日常的に使うエネルギーとはどのようなものなのでしょうか。エネルギーにはいくつかの形態があり，力学，熱，電気，物質（化学），光，原子核のエネルギーといった分類ができます。エネルギーとは姿を変える，不思議なものです。石油は，数千万年前から数億年前に植物が光合成により物質の形に固定した太陽光のエネルギーとも言えます。私たちはそれを熱に変え，また一部を電気エネルギーにも変えて利用しています。熱を力学的エネルギー（仕事）に変える蒸気機関の開発では，産業革命期（18 世紀半ばから 19 世紀）のワット（James Watt）が有名ですが，ボイルの助手であったパパン（Denis Papin）が 1690 年代に発明したと言われています。熱と仕事の変換の理論は，熱力学と呼ばれます。その本格的な学びは専門書に譲り，本章の前半では熱やエネルギーと物質の世界の繋がりを学びます。後半は，現代と将来に欠かせない石油，電気エネルギー，さらに太陽電池に目を向けます。

さて，ボイルが登場した1章でも見たように，気体や液体はすき間だらけでした。分子がすき間を無秩序に移動し，時に互いに位置も変えている様子をイメージして下さい。分子が衝突すると，反応することもあります。具体例として，

$$H_2(g) + \frac{1}{2} O_2(g) \rightarrow H_2O(\ell) \tag{7.1}$$

を考えましょう[1]。H_2 と O_2 の結合が切れ OH 結合が出来る気体での化学的変化と，水が気体から液体に変わる状態変化を含んでいます。物質のエネルギーは化学結合の総エネルギーと分子の集合状態で決まるエネルギーの和です。

n モルの気体では，圧力，体積，絶対温度を順に p, V, T とすると

$$pV = nRT \tag{7.2}$$

で，$R = 8.31 \, J/(Kmol)$ を気体定数と言います[2]。式 (7.2) は，理想気体の状態方程式と呼ばれます。物質量 (n) と圧力 (p) 一定で温度を上げれば体積は増え，温度一定で外から押せば内部の圧力が上がって元に戻ろうとします。分子集団は，広がろうとする，あるいは散らばろうとする性質を持っています。分子運動の速さに対する分子数の分布は図7-1のようになります。分子集団が持つエネルギーが

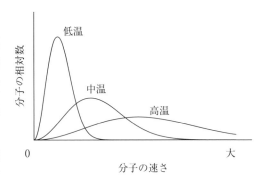

図7-1 分子の速さに対する相対分子数分布
(例として，N_2 分子で 1000，300，50 K で作図)

---

1) ( ) 内の g は gas（気体），ℓ は liquid（液体）を意味します。
2) 状態方程式は気体ばかりかモル単位の分子集団なら，液体でも固体でも当てはまります。但し，液体や固体は温度で体積があまり変わらないため，状態方程式を使う利点はあまりありません。

分子の速度分布を決め，その平均値が高いか低いかを温度と呼んでいます。温度が高いと分子の平均の速さは速くなります。

　物質が持つ結合エネルギーと運動エネルギーの和を**内部エネルギー**と言います。外から熱や仕事でエネルギーが入ってくると，内部エネルギー（実質的には運動エネルギー）が増します。内部エネルギーが減る時は，仕事や熱で外部に同量のエネルギーを放出します（**熱力学第一法則**）。

　化学変化は圧力一定で起こることが多く，温度変化に伴う体積増加は外部に向けて仕事をします。内部エネルギーと外界に向けた仕事の和を，**エンタルピー**と言います。記号は H を用います。

　外から物質に熱を加えて温度が上がる時，物質の熱容量を次式で定義します。

$$\text{熱の移動量}＝\text{熱容量}×\text{温度変化}\,\Delta T \tag{7.3}$$

熱容量の単位は $\mathrm{JK^{-1}}$ です。温度が上がれば，分子の平均の運動エネルギーが増すと同時に，エネルギー（速さ）の分布が広がります（図 7-1）。運動の多様さが増すといってもよいでしょう。熱の移動は，運動の多様さの変化とみることもできます。運動の多様さを**エントロピー**と呼び，S と書く習慣です。エントロピーの単位は，熱容量と同じ $\mathrm{JK^{-1}}$ です。自然に進む現象は，運動の多様さが増す方向，エントロピーが増える方向に進む，つまり

$$\Delta S \geq 0 \tag{7.4}$$

というのが，**熱力学第二法則**です。

エンタルピー変化とエントロピー変化を合わせると，反応の方向を指し示す量

$$\Delta_{反応}G_{A\to B} = \Delta_{反応}H_{A\to B} - T\Delta_{反応}S_{A\to B} \tag{7.5}$$

が決まります。$\Delta_{反応}G_{A\to B}$ は定圧，定温の時に変化の進む方向を教える量で，**ギブスエネルギー変化**と言います。$\Delta_{反応}G_{A\to B}<0$ なら変化 $A\to B$ が自然に進み，$\Delta_{反応}G_{A\to B}>0$ なら逆向きの変化 $A\leftarrow B$ が自然に進みます。

$$G = H - TS \tag{7.6}$$

をギブスエネルギーと呼びます。自発的に進む分子集団の変化は，

$$\Delta G = \Delta H - T\Delta S < 0 \tag{7.7}$$

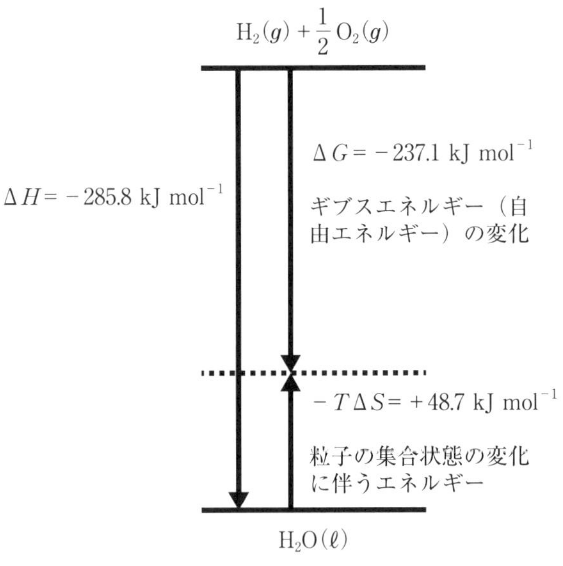

$$H_2(g) + \frac{1}{2}O_2(g)$$

$\Delta G = -237.1 \text{ kJ mol}^{-1}$

ギブスエネルギー（自由エネルギー）の変化

$\Delta H = -285.8 \text{ kJ mol}^{-1}$

$-T\Delta S = +48.7 \text{ kJ mol}^{-1}$

粒子の集合状態の変化に伴うエネルギー

$$H_2O(\ell)$$

図7-2　$H_2(g) + \frac{1}{2}O_2(g) \to H_2O(\ell)$ のエネルギー関係（25℃）

と書けます。

　式 (7.1) の反応のエネルギーを考察します (図 7 – 2)[3]。データ集から，エンタルピー変化は，水蒸気から液体の水への状態変化に伴う発熱分，-44.0 kJmol^{-1} を含めて $\Delta H = -285.8$ kJmol^{-1} です。エントロピーは，H$_2$ が 130.6，O$_2$ が 205.0，H$_2$O が 69.9 Jmol^{-1} です。従って，$\Delta S = 69.9 - \left(130.6 + \dfrac{1}{2} \times 205.0 \right) = -163.2$ となり，

$$\Delta G = -285.8 + 0.1632\,T \text{ kJmol}^{-1} \tag{7.8}$$

です。$T = 298.15$ K（25℃）を代入すると，$\Delta G = -237.1$ kJmol^{-1} となります。$\Delta S < 0$ なので，それだけ見ると進みにくい反応ですが，ΔH が絶対値の大きな負の値なので，反応は右向きに進みます。

　例えば，混合物を分ける（粒子集団の乱雑さを減らす，$\Delta S < 0$）には，エネルギーを要します。一方，乱雑さが増すのは自発的変化でエネルギーを放出します。反応 (7.1) は水の凝縮で乱雑さ（運動の多様さ）が減る場合に相当します。285.8 kJ 取り出せるはずが，48.7 kJ が内部で消費されてしまい 237.1 kJ しか取り出せません。ΔH から引いた自由に使える分 ΔG を**自由エネルギー**と呼びます。

　$\Delta G < 0$ なので，式 (7.1) の反応が自然に進むとはいっても，まず反応しません（6 章参照）。$\Delta G < 0$ は反応の向きは教えても，速度は何も教えないのです。$\Delta G < 0$ の反応でも，途中に山（エネルギー障壁）があれば，山を越えるエネルギー（活性化エネルギー）が必要です。反応 (7.1) は，山が大変高いのです。マッチで火をつけると，炎に近い分子が高いエネルギーを得て反応開始の条件が整います。いったん反応が始まると，反応で出る熱が周りの分子にエネルギーを与え，反応が持続します。

3）詳しくは，巻末の参考図書（1），(13) 参照。

反応（7.1）では，反応系（$H_2(g) + \frac{1}{2} O_2(g)$）も生成系（$H_2O(\ell)$）も山（エネルギー極大点）で隔てられた谷（極小点）に相当します。反応の終着点（低い生成系）は，エネルギーの最小点とも言えます。終着点を熱力学的に安定な状態，山の存在のおかげで安定な極小点を速度論的に安定な状態といいます。常温常圧の炭素の同素体では，グラファイトが熱力学的な安定状態，ダイアモンドが速度論的な安定状態です。

2. 熱

私たちになじみの深いエネルギーの形が熱です。改めて記すと，熱とは高温の物体から低温の物体に向かって流れるエネルギーのことです。熱は分子の運動から生まれます。例えば1つのビーカーに25℃の水が100 mL 入っているとします。もう一方のビーカーには同じく25℃の水が200 mL 入っているとします。両方の水の温度は同じです。あらためてこの「温度」を化学の言葉で述べると，「分子の集団が持つ平均運動エネルギー」となります。両方の水の温度が同じということは，ビーカーの中の水分子の平均運動エネルギーは同じという意味です。これは水（液体）に限らず気体や他の液体でも当てはまります。分子の平均運動エネルギーは，以下の式で表されます。

$$平均運動エネルギー = \frac{3}{2} k_B(ボルツマン定数) \times T(絶対温度) \tag{7.9}$$

$k_B = 1.38 \times 10^{-23} JK^{-1}$ です[4]。このため温度25℃の水1分子当たりの平均運動エネルギーは，$\frac{3}{2} \times 1.38 \times 10^{-23} JK^{-1} \times 298 K = 6.17 \times 10^{-21} J$ となります。

ビーカー内の水分子はあらゆる方向に向かって動いているので，熱エ

---

[4] ボルツマン定数 k_B は，気体定数 R をアボガドロ定数で割ったものに等しくなります。

ネルギーはまとまりの無いエネルギーと言えます。このため熱エネルギーの大部分は機械を動かすためのエネルギーとして取り出すことができません。熱エネルギーを仕事に使える有効なエネルギーに変換できる割合は，次のカルノーの式で定義されます。

$$\left(1 - \frac{T_{低温}}{T_{高温}}\right) \times 100 \ (\%) \tag{7.10}$$

　ここで高温というのは，例えば燃料や太陽光，地熱で加熱された温水の温度を指します。一方，低温とは排ガスや冷却塔といった出口での温度です。100℃（373 K）の沸騰した水からエネルギーを取り出し，水温が18℃（291 K）まで下がったとします。このときエネルギーを抽出できる最大の効率は，カルノーの式に代入するとおよそ22%となります。この結果は沸騰したお湯から電気などの私たちの生活に使い勝手の良い便利なエネルギーを作る場合，お湯の持つ全エネルギーの22%しか変換できない，ということになります。燃焼などにより物質が持つエネルギーを一度熱エネルギーに変えてしまうと，次に電気に変えようとしてもカルノーの式で求められる低い割合までしか変換することができないことを意味しています。

3. 石油

　さて，1800年代まで人類は木材を燃やすことで熱エネルギーを得ていました。日本でもエネルギー源として木材は極めて重要であり，木曽川や最上川上流など主要な山林地帯は江戸幕府の直轄地として厳重に管理されていました。その後明治維新を境に蒸気機関がもたらされ，石炭や石油といった化石燃料の燃焼により物を動かすための動力，機械的なエネルギーが得られるようになりました。

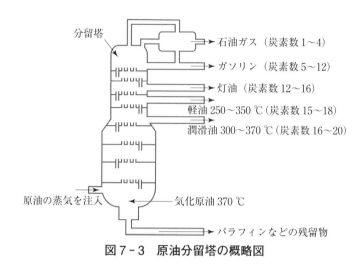

図7-3　原油分留塔の概略図

　外務省のホームページによると，2018年において日本の一日当たりの原油消費量は385万バレルであり，アメリカ，中国，インドに続き世界で4番目です。原油の量を表すバレルは樽の意味であり，原油を入れるドラム缶を表すもので，1バレルは160リットルです。原油は何千種類もの化合物からなる複雑な混合物ですが，主な成分は炭素と水素から成る炭化水素です。この炭化水素を重さ（炭素数）に応じて分類するための装置が分留塔です。原油を沸騰するまで加熱して，蒸発してくる成分を**蒸留**によって分別します。分留塔の左から原油の蒸気が入り，軽い成分が分留塔の上部まで到達します。このとき各成分の気体は冷やされることで再び液体に戻ります。分留塔の高さが異なる場所で，それぞれ成分の異なった炭化水素が得られます。特に炭素数が5〜12のガソリンは自動車の燃料として重要ですが，原油の分留で得られる量は十分ではありません。このため炭素数の大きな成分を触媒により分解させ（クラッキング）ガソリンを製造する方法も取られています。

4．電気エネルギー

　石油や石炭は機械的な動力を得るだけでなく，私たちが最も使いやすいエネルギーである電気を作ることにも使われます。石油や石炭を燃やすことで蒸気機関を動かし，得られた力で電線を巻いたコイルを磁石の中で回転させます。これにより電気が生み出されました。この一連のエネルギー変換を行っている施設が発電所です。現在の火力発電所では燃料に石炭や液化天然ガスなどの化石燃料を利用しています。それぞれの過程には効率があり，当然 100％ではありません。化石燃料の燃焼によって取り出せる熱エネルギーは投入した化石燃料のエネルギーに対して約 60％です。生成した熱によりボイラーで湯を沸かし水蒸気を発生させる効率が約 90％，ガスタービンを回転させる機械的な効率が約75％，タービンの回転によって発電機から電気を取り出す効率が約95％です。ここまでで，$0.6 \times 0.9 \times 0.75 \times 0.95 = 0.38$，つまり投入した化石燃料が持つエネルギーの約 38％だけが電気として取り出せたことになります。さらにこの続きがあり，送電線の効率（約 90％）と各電気機器の効率が加わります。例えば最も効率の高い暖房器具で約 98％，IH（Induction Heating）調理器で約 90％ですので，化石燃料本来のエネルギーから換算すると，約 34％しか実際に利用できないということが分かります。昨今の IH 調理器はエネルギー効率が良いと言われていますが，化石燃料の持つ 34％分のエネルギーしか利用できていません。一方，ガス調理器などは燃料を燃やした熱エネルギーを直接利用するため，利用効率は極めて高いと言えます。

　電気には交流（Alternating Current；AC）と直流（Direct Current；DC）があります。自宅のコンセントから得られる 100 V の電気は交流で，乾電池やパソコンの動作に必要な AC アダプターの出力は直流で

す。交流は一定の周
期で三角関数的[5]に
プラスとマイナス側
が入れ替わる電源で
あり，直流はプラス
とマイナス側が変化
せず常に一定の電圧

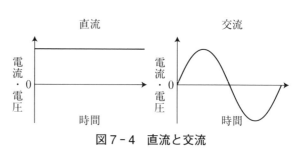

図7−4　直流と交流

を与えます。私たちの生活で利用する多くの電気機器は直流で動作して
いるため，発電所から変電所を経て住宅に供給された交流の電気は，直
流に変換される必要があります。交流から直流に変換する主な方法はト
ランス方式とスイッチング方式と呼ばれるもので，回路の複雑さ，ノイ
ズの多さ，変換効率，重さなど，それぞれに長所と短所があります。
AC アダプターでは重く大きいものがトランス方式，近年の携帯電話の
充電器など小型軽量のものがスイッチング方式です。私たちの身の回り
の電気機器が直流なのであれば，なぜ発電所ははじめから直流を送電し
ないのでしょうか。それは交流が持ついくつかの利点のためです。交流
の最大の利点は電圧を変える変圧が可能ということです。発電所から供
給される数十万ボルトの電圧を目的や利用法に応じて降圧させることが
可能です。また交流はプラスとマイナス側が入れ替わるため，電気を停
止させたいときに電流ゼロの瞬間を利用して容易に遮断することが可能
です。6 章の電池の項でも触れましたが，電極のプラス側とマイナス側
はそれぞれ化学的な腐食を受けます。交流はプラスとマイナス側が常に
入れ替わるため，直流にくらべて電極が腐食されにくいという性質を
持っています。このため電力の汎用性を考えると交流が比較的使いやす
いと言えます。

5）サイン（sin）波

5. 太陽電池

(1) 半導体

　太陽からは絶え間なくエネルギーが放射されています。その量は莫大で，太陽からの１時間のエネルギー放射は世界全体が１年間に必要とするエネルギー量に匹敵すると言われています。近年ではこの太陽光エネルギーを水素や他の燃料に変換することなく，直接的に電気エネルギーに変換する光起電力セル，つまり太陽電池の開発と実用化が進んでいます。人工衛星，道路標識等に留まらず，近年では各家庭で発電を行う太陽電池パネルまでもが普及し始めています。

　太陽電池は半導体と呼ばれる物質で出来ています。半導体は通常は電気を通しませんが，特定の条件下では電気を通すようになる物質です。温度が高くなると価電子帯の電子が価電子帯と伝導帯のバンドギャップを飛び越えて伝導帯に入り電気が流れることがあります。電子が抜けた価電子帯には**正孔**（hole）ができ，それも電荷輸送体となります。この機構で小さな電気伝導性を示す物質は，**真性半導体**と呼ばれます。具体的には 14 族のケイ素 Si とゲルマニウム Ge です。

　Si や Ge に，原子価が１つ少ない 13 族元素の B，Al，Ga を添加すると結晶の中に空席（正孔）が増えます（図 7-5 (b)）。エネルギー的には

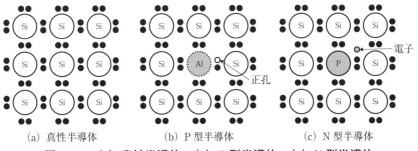

(a) 真性半導体　　　(b) P 型半導体　　　(c) N 型半導体

図 7-5　(a) 真性半導体，(b) P 型半導体，(c) N 型半導体

Si, Ge の価電子帯のすぐ上に, 混ぜた元素による空の受容体バンドができます。これを利用したのが, **P型半導体**です（図7-6 (b)）。一方, 原子価が1つ多い15族の原子P（リン）, S, Sb や As を入れると電子が増えます（図7-6

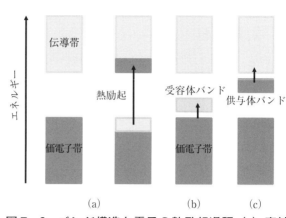

図7-6 バンド構造と電子の熱励起過程 (a) 真性半導体, (b) P型半導体, (c) N型半導体。電子が詰まったバンド（準位）が濃い灰色。

(c)）。また, 伝導帯の下に混ぜた元素による電子の詰まった供与体バンドができます。これを利用したものが, **N型半導体**です（図7-6 (c)）。P型もN型も, バンドギャップが真性半導体より狭くなり, 少ないエネルギーで電子の励起, 正孔の生成が可能になります。周期表の隣り合う族の元素の性質を巧みに使う化学ですね。

（2）光電効果

元素のケイ素（Si, シリコン）は太陽電池用の半導体材料として最初に用いられました。半導体では温度が高くなると価電子帯の電子が価電子帯と伝導帯のエネルギー差（バンドギャップ）を飛び越えて伝導帯に入り電気が流れる

図7-7 内部起電力効果

ようになります。温度以外にも半導体に光を当てると光エネルギーがバンドギャップを超えれば電子が価電子帯から伝導帯に移り電気が通るようになります。これは**内部光電効果**と呼ばれています。光照射によって固体の外に電子が出てくるわけではないので「内部」と付いています。ちなみに金属に光を当てると電子が金属から外部に出てきます。この効果のことを外部光電効果と呼びます。内部光電効果ではシリコン固体の電気抵抗が変化するだけなので，電池としてエネルギーを取り出すことはできません。このことを解消して半導体から電子を取り出すために**PN 接合**と呼ばれる P 型と N 型の半導体を組み合わせる手法が取られています。この PN 接合に光があたると電子と正孔の対ができますが，異なる半導体を組み合わせたことによって生じる電位差（内蔵電位差）によって電子と正孔が移動します。このため電池などの電源が無くとも外部に電流を取り出せます。これを**光起電力効果**と呼びます。

　太陽電池の主な難点は太陽光から電気エネルギーへの変換効率が低く，原理的には最大でも 31 % しかないことです。さらに入射光の一部は太陽電池パネルの表面で反射や吸収され電流の生成に寄与しません。その他発熱による効率の低下などを含めて，現在市販されている太陽電池パネルの変換効率はおよそ 15 % に留まります。低い変換効率ですが，太陽光は事実上無限のエネルギー源という利点があります。例えば大きさがおよそ 1 m×1 m の市販の太陽電池パネルでは，最大出力は 100 W[6] 程度です。日本には太陽電池パネルを並べた太陽光発電所が各地にあります。岡山県美作市にある作東メガソーラー発電所が 257.7× 10^6 W（MW）が現時点で日本最大級です。およそ 240 ha の敷地に 75 万枚の太陽電池パネルが敷き詰められています（口絵参照）。

6）電力(W) ＝ 電圧(V) × 電流(A)。100 V の電圧で 1 A の電流が流れたとき 100 W の電力が消費されます。

114

問題1　80℃の水からエネルギーを取り出し温度が50℃まで冷えたとき，仕事に使えるエネルギーの割合はいくらか。

問題2　系に外部から加える熱量を Q，系が外部からされる仕事を w とするとき，系の内部エネルギーの変化 ΔU は，Q と w を使ってどのような式で書けるか，答えなさい。

問題3　電気の交流と直流を説明しなさい。

問題4　半導体におけるバンドギャップを説明しなさい。

8 | 化学の多様性：無機化学

藤野竜也

《**目標＆ポイント**》 典型元素と遷移元素，金属元素と非金属元素といった分類を学習し，それぞれの元素の多様性を理解します。無機化合物の合成や反応性に触れ，それらが我々の生活とどのように関わっているかを学習します。
《**キーワード**》 典型元素，遷移元素，セラミックス，炭素材料，金属材料

1. 元素の分類

　物質に注目をして化学を分類すると，炭素を含む「有機化学」と炭素を含まない「無機化学」に大別されます。そう考えると私たちの身の周りに存在する大地，水，空気，材料など様々なものは無機化合物から成り立っています。現代を支えるエレクトロニクスはケイ素が主役ですし，セラミックスや合金なども無機化合物です。

　周期表を縦方向に見た場合，1族，2族及び12族[1]〜18族に属する元素を**典型元素**と呼びます。同じ周期（周期表の横方向）に属する典型元素は，原子番号が増えるに従って最外殻電子の数が規則的に増えます。価電子の数は，18族を除きその元素が属する族番号の一の位の数に等しい。同じ族に属する元素は価電子の数が等しいため化学的性質も似ています。

　一方，3族から11族に属する元素を**遷移元素**と呼びます。これらの元素は陽性の強い1族と陰性の強い17族の途中に位置することから遷移[2]元素と呼ばれています。

---

1) 本書では，12族を典型元素に含めています。
2)「遷移」は，移り変わるという意味。

2. 元素の性質

（1） 1族・2族

　水素（H）を除く1族元素を**アルカリ金属**と呼びます。アルカリ金属元素は1個の価電子を持ちます。このため電子を放出して安定な閉殻構造を取ろうとし1価の陽イオンになりやすい性質があります。つまり酸化されやすい性質を持ち，空気中では酸素と速やかに反応します。また水とも激しく反応します。例えばナトリウム（Na）と水は常温で激しく反応して水素を発生し，出来た溶液は水酸化ナトリウム（NaOH）による強い塩基性を示します。

$$2Na + 2H_2O \rightarrow 2NaOH + H_2 \tag{8.1}$$

　NaOHのほかにも水酸基を含む化合物として，水酸化リチウム（LiOH），水酸化カリウム（KOH）などがありますが，いずれも水溶液は強い塩基性を示します。水酸化物の固体や水溶液は二酸化炭素（CO_2）を吸収して炭酸塩を生じることから，二酸化炭素吸収材[3]として利用されています。

　NaOHと二酸化炭素の反応では，二酸化炭素の量が少ないとき炭酸水素ナトリウム（$NaHCO_3$）が生じ，過剰量存在するときは炭酸ナトリウム（Na_2CO_3）が生じます。

$$NaOH + CO_2 \rightarrow NaHCO_3$$
$$2NaOH + CO_2 \rightarrow Na_2CO_3 + H_2O \tag{8.2}$$

　炭酸ナトリウムはガラスの材料になる物質で，工業的には**アンモニアソーダ法**により合成されます。ガラスの主成分は石英（SiO_2）の粒である珪砂ですが，石英は高温[4]でないと軟化しません。このため炭酸ナト

3）石灰水（$Ca(OH)_2$）に息（CO_2）を吹き込むと白沈（$CaCO_3$）が生じます。
4）およそ1700℃。石英の液体の蒸気圧が高いため，直接に気化します。

リウム（ソーダ灰）や炭酸カルシウム（$CaCO_3$）を加えて融点をおよそ1000℃に下げ加工しやすくします。これが一般的に用いられるガラス（ソーダガラス）です。また熱を加えた時の膨張を防ぐために酸化ホウ素（B_2O_3）を加えたパイレックスガラスは耐熱性に優れ，理科実験のビーカーや試験管用のガラスとして用いられています。

　アルカリ金属元素は人体にも重要な存在です。食塩の過剰摂取により体内のナトリウム濃度が上昇すると，高血圧や心疾患などの影響が出ます。また腎臓疾患等により体内のカリウム濃度が $5.5\ \mathrm{mmolL}^{-1}$ まで上昇すると心筋の興奮伝達が抑制され，$8\ \mathrm{mmolL}^{-1}$ 以上で不整脈，心臓停止に陥ります。

　2 族元素のうち第 4 周期以降の元素，カルシウム（Ca），ストロンチウム（Sr），バリウム（Ba），ラジウム（Ra）の四元素は性質が似ており，**アルカリ土類金属**と呼ばれます[5]。

　建築で使われるコンクリートの主な成分元素はカルシウムです。まず生石灰と呼ばれる酸化カルシウム（CaO）が必要ですが，これは天然に存在せず，石灰石（炭酸カルシウム $CaCO_3$）を熱して二酸化炭素を外すことで得られます。

$$CaCO_3 \rightarrow CaO + CO_2 \tag{8.3}$$

　この生石灰を水と砂とともに反応させて水酸化カルシウム（$Ca(OH)_2$）を得ます。

$$CaO + H_2O \rightarrow Ca(OH)_2 \tag{8.4}$$

　これがコンクリートの主成分です。分子式から分かるように水酸基を持ち，塩基性です。このため酸性の雨（酸性雨）によってコンクリートが年々侵食されることが大きな問題となっています。

5）2 族元素すべてをアルカリ土類金属と分類する場合もあります。

　乾燥剤にはカルシウムの塩化物塩である塩化カルシウム（$CaCl_2$）が一般に用いられます。吸湿性が強く水と反応して熱を放出します。融雪剤としても広く使われています。水に溶けることにより熱が放出されることに加え，凝固点降下が起き，雪の凍結を防ぎます。

　カルシウムは人体にとっても極めて重要な元素の1つです。人体のおよそ1〜2％はカルシウムであり，その99％がハイドロキシアパタイト[6]として歯や骨に存在します。また1％が体液や骨以外の組織，0.1％が血中に存在します。血中のカルシウム濃度は $90 \, \text{mgL}^{-1}$ と厳密に調整されていますが，乱れると途端に脳や心臓に異常が生じます。

（2）6族

　6族のクロム（Cr）は，表面が酸化されるため反応性が乏しい元素です。内部の金属が保護される現象及びこの表面にできる被膜を**不動態**と呼びます。クロムの酸化数には+2，+3，+6の3種類があり，特に六価（+6）のクロムは人体に対する毒性が高いことで知られています。革製品の製造過程では動物の皮をなめす目的でクロムとアゾ染料[7]を利用します。インドのラニペットという町は作業工程で利用されたクロムが酸化され六価クロムになり，川や地下水に流れ込んでしまいました。このため革工場から半径1kmの範囲にクロムの被害が報告されています。クロムを含む水に触れると，皮膚が潰瘍を起こし，虫にかまれたような痛みを覚えます。このためすべての井戸，公共水用のポンプの使用が禁止されているだけでなく，工場から1km離れた農地では，作物は通常の5分の1程度しか実りません[8]。

6）水酸燐灰石と呼ばれ，歯や骨の主成分。
7）アゾ基（－N＝N－）を分子内に持つ有機化合物の総称。
8）The world's worst pollution problems : The top ten of the toxic twenty, Black Smith Institute, 2006.

（3）8族

地殻中に存在する元素は，存在比が大きい順に酸素（O），ケイ素（Si），アルミニウム（Al），鉄（Fe），カルシウム（Ca）で，8族の鉄は4番目に多い元素です。地球上の地表付近に存在する元素の割合を質量パーセント濃度で表したものを**クラーク数**と呼びます。主な鉄の酸化数は+2と+3であり，+3の状態が安定です。水が近くにあると，赤褐色で「赤さび」と呼ばれる酸化鉄（Fe_2O_3）を生成します。

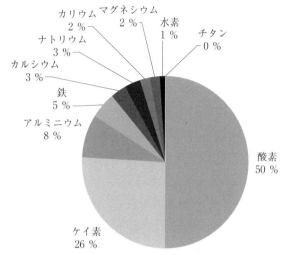

図 8-1　クラーク数
（地球上の地表付近に存在する元素の割合を質量パーセント濃度で表したもの）

我々の体に重要な鉄の化合物としてヘモグロビンがあります。これは血液中に含まれていて，中央の Fe^{2+} イオンが4つの窒素によって囲まれた構造をしています。人間の肺では，ヘモグロビンの中央の鉄に酸素分子が

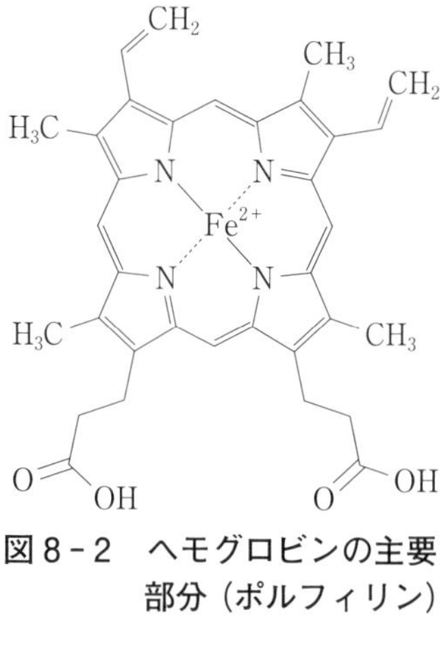

図 8-2　ヘモグロビンの主要部分（ポルフィリン）

配位します。これにより血液の流れに従って体内の必要な場所に酸素を運搬する役目を持っていますが，もし不完全燃焼により生じる一酸化炭素（CO）を吸い込むと，肺の中でヘモグロビンに一酸化炭素が配位してしまいます。この配位結合は強く一酸化炭素が離れにくいため，体内に十分な酸素を運搬することができなくなります。火災による死亡事故の大きな原因は一酸化炭素を吸い込むことです。一酸化炭素の吸引により人は酸欠で死亡します。ちなみに紫外線を浴びることによりヘモグロビンに配位した一酸化炭素の脱離を促すことができます。

（4）11 族

　11 族の銀（Ag）は，高い延展性，熱・電気伝導性を有します。銀には様々な用途がありますが，近年注目されているのは，ハロゲン化銀（ヨウ化銀）を利用した人工降雨，人工降雪です。雨や雪が降るためには核になる粒子と水を含んだ雲が必要です。水を含んだ雲に核となるヨウ化銀を散布することで，雨や雪を人工的に降らせることができます。またハロゲン化銀（主に臭化銀（AgBr））は光が当たると銀を析出する性質があるため，白黒写真の感光材として古くから利用されてきました。まず撮影によってフィルム上の臭化銀に光が当たり小さな銀の結晶が生じます。この銀の結晶を「現像液」を使って目に見える大きさまで成長させ，ある程度のところで「停止液」を使って銀結晶の成長を止めます。最後に光が当たっていない部分の臭化銀を「定着液」を使って取り除きフィルムの現像を行います。

（5）12 族・13 族・14 族

　12 族の元素である水銀（Hg）は唯一例外的に常温で液体の金属です。鉄やニッケル以外の金属と合金を作りやすく，得られた合金はアマルガ

ムと呼ばれています。銀，スズ，亜鉛など複数の金属が混ざったアマル
ガムは，歯の治療の際に充填する材料として使われています。しかし水
銀は熱い食べ物により簡単に蒸気化して体内に蓄積されます。水銀は人
体に様々な疾患を引き起こす恐れがあることから，近年はアマルガム合
金の歯科利用を問題視する見解があります。水銀とメチル基が結合した
メチル水銀（有機水銀）は，脂溶性が高く容易に生体濃縮され食物連鎖
の上位生物に高濃度で濃縮されていきます。メチル水銀は極めて毒性が
高く，かつて水俣病の原因となった物質です。

　アルミニウム（Al）は 13 族に属する元素です。銀白色の軽金属で柔
らかく，かつ熱や電気をよく伝える性質を持ちます。アルミニウムは空
気中に放置すると表面が酸化されアルミナ（Al_2O_3）に変化します。こ
の不動態[9]の被膜により内部は保護され酸化されません。人工的に酸化
被膜を付けた製品を**アルマイト**と呼んでいます。また，アルミニウムの
粉末と他の金属酸化物との混合物に点火すると，激しく反応し融解した
金属が得られます。

$$Fe_2O_3 + 2Al \rightarrow Al_2O_3 + 2Fe \tag{8.5}$$

　この方法を**テルミット法**と呼び酸化鉄から純粋な鉄を得ることができ
ます。またミョウバンは $AlK(SO_4)_2 \cdot 12H_2O$[10] で表されるアルミニウム
塩です。このミョウバンを水に溶かした溶液を塩基性にすると，水酸化
アルミニウム（$Al(OH)_3$）が生成して沈殿します。

$$Al^{3+} + 3OH^- \rightarrow Al(OH)_3 \tag{8.6}$$

　この水酸化アルミニウムは体積が大きく粘着性が高い沈殿であるた
め，様々な物質を吸着する能力があります。このため水酸化アルミニウ
ムは水の浄化剤として用いられます。

9）金属の表面が酸化されて生じた金属酸化物の被膜により内部が保護される現象，
　およびその被膜のこと。
10）結晶水という。結晶中に含まれる水分子で，中央の分子やイオンと共有結合を
　作っていない。

　近年，アルミニウムに加えて重要性が増している 13 族の元素として
ガリウム（Ga）が挙げられます。ガリウムの窒化物である窒化ガリウ
ム（GaN）は青色発光ダイオードの材料です。光の三原色の 1 つとして
信号機やディスプレイなど私たちの身の回りの様々なところで利用され
ています。

　14 族に属する鉛（Pb）は柔らかく加工しやすい金属です。このため
古くから水道管として鉛管が使われましたが，鉛は深刻な神経障害，特
に若年者に重い脳障害を引き起こすことが近年知られたため現在では使
われません。江戸・明治時代には鉛白（えんぱく）として肌色を描く画
材として鉛が利用されましたが，当時も慢性鉛中毒が発生したと言われ
ています。現在では X 線の遮へい材，自動車の鉛蓄電池（バッテリー），
鉛ガラスなどに使われています。同じく 14 族に属するスズ（Sn）の化
合物であるトリブチルスズ（$(C_4H_9)_3SnH$）は，船底の塗料で抜群の防
汚効果があると言われています。しかし巻貝の雌が雄性化するという現
象が報告され，漁網，船舶，航路標識等に海洋生物が付着するのを防ぐ
ために利用する有機スズ化合物が原因ではないかと懸念されていま
す[11]。

3. 無機材料

（1）セラミックス

　無機物質を焼結[12]して材料として成形したものを**セラミックス**と呼び
ます。陶磁器やレンガ，セメント，ガラスなどもセラミックスに分類さ
れます。一方，焼結させる原料を精密に調整して高い機能性を持たせた
セラミックスを特に**ファインセラミックス**と呼んでいます。現在ではこ
のファインセラミックスのことを単にセラミックスと呼んでいます。本
書でもファインセラミックスをセラミックスと呼ぶことにします。原料

11）https://www.env.go.jp/chemi/end/speed98/commi_98/kento1301/04.pdf
　　（2020 年 3 月現在）環境省総合環境政策局環境保健部
12）固体粉末を焼くことで結合させ，形成すること。

表8-1　セラミックス（ファインセラミックス）の例

	材料	化学式	主な用途
酸化物	アルミナ	Al_2O_3	絶縁碍子（がいし）
	ジルコニア	ZrO_2	人工歯
	ムライト	$3Al_2O_3 \cdot 2SiO_2$	耐熱容器
	ステアタイト	$MgO \cdot SiO_2$	絶縁碍子（がいし）
	チタン酸バリウム	$BaTiO_3$	コンデンサー
非酸化物	窒化アルミニウム	AlN	高熱伝導性基板
	窒化ケイ素	Si_3N_4	耐熱・耐衝撃材料
	炭化ケイ素	SiC	耐摩耗・耐腐食・高熱伝導材料

の固体粉末を酸化物と非酸化物に分けると，酸化物としてはアルミナ（Al_2O_3），ジルコニア（ZrO_2），ムライト（$3Al_2O_3 \cdot 2SiO_2$），ステアタイト（$MgO \cdot SiO_2$），チタン酸バリウム（$BaTiO_3$）などがあります。また非酸化物としては窒化アルミニウム（AlN），窒化ケイ素（Si_3N_4），炭化ケイ素（SiC）などがあります。

　セラミックスの使用例として，チタン酸バリウムを挙げておきます。チタン酸バリウムは1940年代にアメリカ，日本，当時のソビエト連邦によって発見されました。電圧をかけると物質内に分極[13]が生じ，電気を蓄えることができる性質（蓄電）を持ち，電子回路の中でコンデンサーとして広く利用されています。一般にセラミックスは高温での耐熱性に優れていますが硬いために加工性が高くないので，焼結前の粉体の状態で成形して，その後焼結します。さらに焼結によって寸法の変化が生じやすく，精密な寸法が要求される部品としては高コストになるという欠点があります。このため，近年では蒸着によって表面のみをセラミックスによりコーティングする，薄膜化する，または多層膜を作り利

13）物質の中で，電荷がプラスとマイナスに分かれること。

用する方法なども多くなっています。

（2）金属材料

　青銅や鉄鋼に代表される**金属材料**は人類が古代から極めて広範囲に利用してきた材料です。金属材料の多くは，塑性，延性に優れ，切削や研磨加工も容易に行うことができます。様々な金属元素を混ぜ合わせた合金では，単一の元素では実現できない有効な性質を持たせることができます。例えばステンレスは，主成分の鉄にクロムを混ぜた合金で，正式には**ステンレス鋼**と呼びます。ステンは「さび」，レスは「無い」という意味ですから，錆びにくい鉄という意味になります。鉄にクロムを添加していくと，鉄は徐々に錆びにくくなり，クロムの割合が10.5％以上になると，極めて錆びにくくなります。前節で説明したように，クロムは表面に不活性な不動態を形成します。不動態により内部の鉄は錆びから守られるわけです。

（3）炭素材料

　炭素材料は主に炭素からなる材料のことを指します。形状や性質，物性の多様性から現在極めて重要視される材料の1つです。これは炭素原子が持つ結合の多様性に起因しています。

　我々がよく耳にする炭素材料としては，カーボンファイバーがあります。これはポリアクリロニトリルなどのポリマー繊維に熱を加え，純粋な炭素にした繊維です。1本1本の太さは1mm以下と極めて細い繊維ですが，これをおよそ10 000本程度束ね樹脂材料に浸して焼き固めると，強靭な材料が出来上がります。これを一般的に**カーボンファイバー**と呼んでいます。鉄鋼の5分の1程度の重さしかないにも関わらず，強度はおよそ5倍といった非常にすぐれた材料となります。その他にも炭

素材料は耐熱性に優れていることから自動車のブレーキ（カーボンブレーキ）として利用する，耐久性が増すことからタイヤに炭素の微粒子を混ぜる（カーボンブラック）などの利用が広く行われています。

練習問題と課題

問題1　六価クロムによる人体への影響について説明しなさい。

問題2　鉛の毒性について説明しなさい。

問題3　カーボンファイバーについて説明しなさい。

9 │ 社会を変えた物質・創造する化学：高分子

三島正規

《**目標＆ポイント**》 合成繊維やプラスチックの成り立ち，その構造と性質の関係を学びます。
《**キーワード**》 ゴム，ナイロン，ビニロン，ポリエチレン，ケブラー

1. はじめに

　紙，木材，**ゴム**，綿，羊毛といった天然物が，人類の歴史上長い間，生活に必要な素材として利用されてきました。20世紀になって，高分子[1]に関する化学が発展すると，天然原料の製品に比べて質的に優る数々の合成繊維やプラスチックが作り出されました。軽い，劣化しにくい，見た目が美しい，成形加工しやすいなどの長所を持つ合成材料が天然物にとって代わり，日常生活に劇的な利便性をもたらしました。

2. ゴム

　アメリカ大陸の発見で知られるコロンブス（Christopher Columbus）は，その航海の途中，ハイチ島の原住民がゴムボールで遊んでいるのを見て，その弾力性に大変驚きます。これがヨーロッパ人とゴムボールの初めての出会いといわれています。しかしゴムの木から樹液を採取してゴムを作っただけでは，引っ張ると延びたまま，元にもどらなくなってしまいます。ようやく1839年になって，アメリカのグッドイヤー（Charles Goodyear）が，これに硫黄を加えて生ゴム成分の鎖状の分子

---

1) 分子量の大きな分子。一般に分子量が小さい分子（モノマー）を単位として，モノマーの多数回の繰り返しの連結により構成されたポリマーのことを指すことが多い。

同士をつなぐ**加硫法**を発明しました。この**加硫**によって生ゴムは分子同士がからみあって，弾性や強度が飛躍的に向上しました。こうしてゴムは，今日，広く利用されることになりました。

さらに，天然のゴムの木の樹液を材料とせずに，ゴムを合成することが可能になったこともゴムの利用の拡大に貢献しました。はじめて完全に合成ゴムの製造に成功したのは，アメリカの化学会社デュポンの研究所長であったカロザース（Wallace Hume Carothers）でした。これは人類が天然高分子に近い化合物を合成した最初で，1931年のことです。カロザースは天然ゴムの素材，すなわちモノマーのイソプレンのメチル基を塩素に置きえることによってクロロプレンにし，重合[2]させることで**クロロプレンゴム**の製造に成功しました（図9-1）。

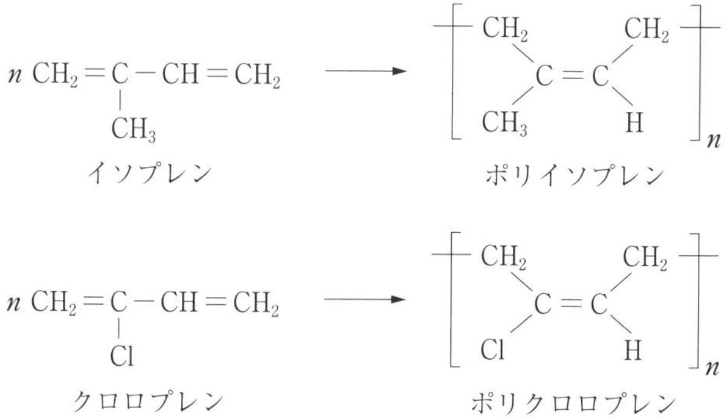

図9-1　クロロプレンゴム

しかし，カロザースのつくったクロロプレンゴムは，炭素鎖中の二重結合に対してトランス配置で，シス配置をとっている天然ゴムとは異なります。（ちなみに最近の合成化学技術では，天然ゴムそのものである**シス1,4-ポリイソプレンゴム**[3]の合成が可能になっています。）

2）モノマーを多数結合させて高分子を作る化学反応。
3）1,4はイソプレンが重合する位置を示す。

　現在，最も大量に生産，消費されている合成ゴムは SBR（styrene-butadiene-rubber）で，スチレンとブタジエンという２種類のモノマーが混ざりあって重合したポリマーです。このように２種類以上のモノマーを構成単位として重合することを**共重合**，できたポリマーを共重合体といいます。共重合体をつくることによって，合成ゴムや合成繊維の品質を改良することが可能です。SBR は天然ゴムと比較して，耐老化性，耐熱性，耐摩擦性などに優れ，自動車のタイヤ，履物，ゴムベルトなどに広く使われています。日本で消費されているゴムは年間約 130 万トンで，天然ゴムの使用比率が 52.7％ となっています（2019 年の日本ゴム工業会の統計）。ゴムは広く重要な場面で用いられることから，今，仮にゴムがなくなると，航空機，自動車，その他多くの機器が使えなくなり，生活は成り立ちません。

3. 合成繊維

（1）ナイロン

　1935 年，カロザースは，アジピン酸とヘキサメチレンジアミンを重合して合成する**ナイロン 6,6** の発明もしています（図 9 - 2）。ナイロン 6,6 は女性のストッキング用として人気を集め，その後アメリカから世界中へ広まっていきました。一方，1941 年に日本では ε (イプシロン) － カプロラクタムを開環して重合した合成する**ナイロン 6** が発明されました。それぞれ天然の絹や綿に似た肌触りをもちます（図 9 - 3）。

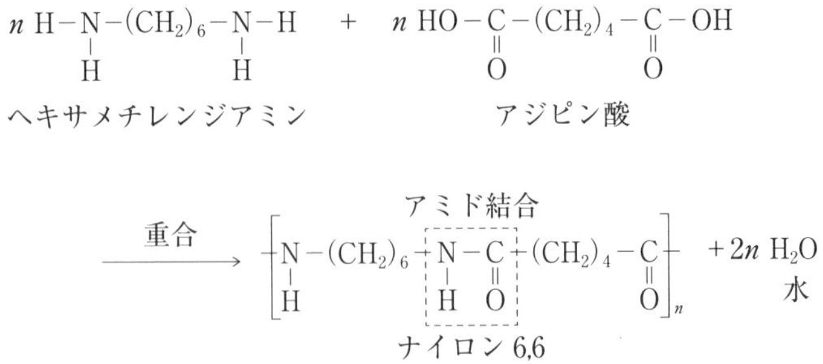

$$n \text{ H-N-(CH}_2)_6-\text{N-H} \quad + \quad n \text{ HO-C-(CH}_2)_4-\text{C-OH}$$

ヘキサメチレンジアミン　　　　　　　アジピン酸

アミド結合

$$\xrightarrow{\text{重合}} \left[\text{N-(CH}_2)_6-\text{N-C}-(\text{CH}_2)_4-\text{C} \right]_n + 2n \text{ H}_2\text{O}$$

ナイロン 6,6　　　　　　　　　　　水

図 9 - 2　ナイロン 6,6

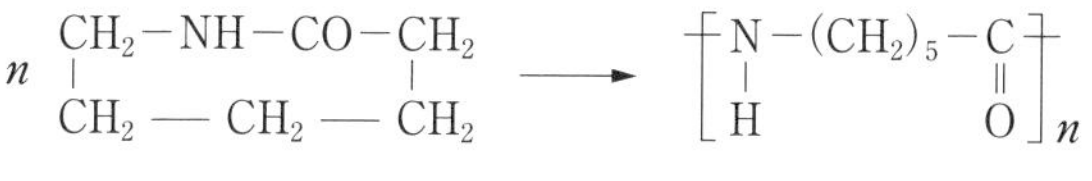

カプロラクタム　　　　　　ナイロン6

図9-3　ナイロン6

（2）ビニロン

　1939年に桜田一郎らがポリビニルアルコールにホルムアルデヒドを反応させることにより**ビニロン**の合成に成功しました。ポリビニルアルコールのヒドロキシ基の部分で，環状の1,3-ジオキサン構造が導入され，また，一部のヒドロキシ基は未反応のまま残ります（図9-4）。そのため，親水性で吸湿性があるという特徴を持っており，綿に似た肌触りをもちます。高強度，高弾性率，耐候性，耐薬品性といった性質があり，学生服，レインコート，鞄，ロープ，コンクリートの補強用繊維，外科用縫合糸などに用いられています。また繊維以外の用途として，包装材や偏光板等にも用いられています。

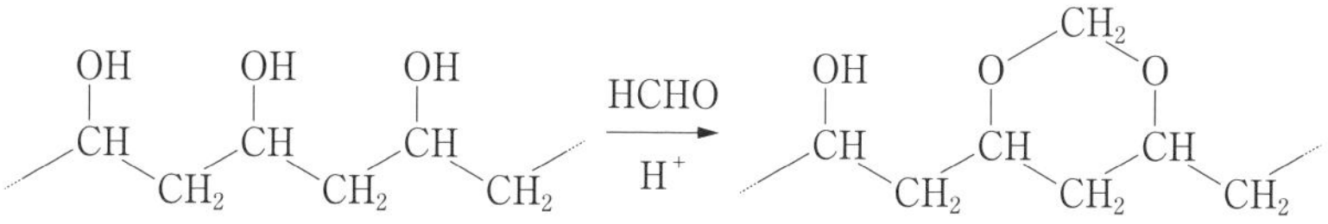

図9-4　ビニロン

4．プラスチック

（1）ポリエチレン

　我々の日常生活では，軟らかな素材であるゴム以外に，様々な柔軟性をもつプラスチックが利用されています。中でも最も広く使われているプラスチックは**ポリエチレン**で，ゴミ袋，包装用フィルム，テープ，ポ

リバケツ，ガスパイプなどの材料として使われています。ポリエチレンは，炭素2個と水素4個からできているエチレン分子をモノマーとして，それが千〜数万程度重合してできたポリマーです（図9-5）。

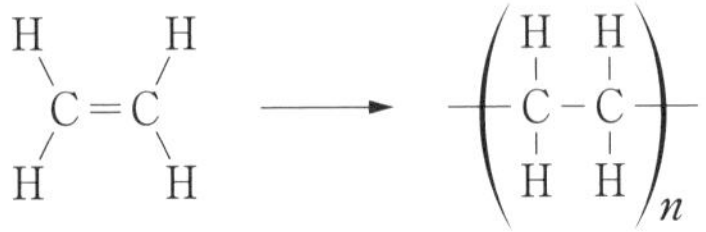

エチレン　　　　　ポリエチレン

図9-5　ポリエチレン

　ポリエチレンは，1953年にドイツの化学者チーグラー（Karl Ziegler）が特殊な触媒を用いる低圧低温重合法を発明したことよって工業的生産が可能になりました。

　ポリエチレンは前に述べた用途の他に，電気を通しにくいことからテレビ，ラジオなどの電子機器になくてはならない材料です。高圧送電線の被覆にも使われます。さらにポリエチレン製のパイプは，曲げや延びなどに強いという特徴があるので地震対策としてガスパイプの主流になりつつあります。重合度（1分子の重合体に含まれる単量体の数）が2,500以上，分子量が70,000以上の超高分子ポリエチレンになると，その機械的性質が著しく高くなり，衝撃に強く，油をささなくても磨耗しない特性が現れます。これは，スノーモービルのキャタピラなど，過酷な条件に耐える必要のある部分にとくに使われています。

（2）触媒の開発

　工業的ポリエチレン合成の礎を築いたチーグラーですが，実際は，最初からポリエチレン合成を目的として研究を進めていたわけではありま

せん。偶然に見つけた予想外の現象から，この偉大な発見をしました。彼は，ブチルリチウム（$CH_3CH_2CH_2CH_2Li$）を合成，精製する目的で蒸留を試みていました。ところが，ブチルリチウムがブチレン（C_4H_8）と水素化リチウムに分解してしまいました。そこで炭素鎖の短いエチルリチウムを同様に蒸留してみたところ，これもエチレンと水素化リチウムに分解しました。ここで，チーグラーは，この反応の逆反応を利用して，エチルリチウム（C_2H_5Li）を合成することが出来ないのかと考えました。はじめは $Li[Al(C_2H_5)_3H]$ というアルミニウム化合物を触媒に用いました。ところが実際に反応を行ってみると，目的のエチルリチウム以外に予想もしなかったポリエチレンが少量，生成したのです。この意外な結果を知ったチーグラーは，さらに発想を転換して，今度はエチレンの重合反応を目指しました。しかし，その重合反応は高温・高圧が必要で，またポリエチレンの収率も低く，とても実用的製法といえるものではありませんでした。悪いことに，実験を続けていると，この重合反応が進行しなくなってしまいました。その原因を調べてみると，使用した加圧容器に別の実験で使ったニッケル触媒が微量に残っていたためであることがわかりました。そこでチーグラーは，もとの触媒のアルミニウム化合物に他の金属化合物を加えると反応が大きく左右されるのではないかと考えて，ついにトリエチルアルミニウム–四塩化チタン $Al(C_2H_5)_3$-$TiCl_4$ を新しい触媒として見出しました。この画期的な発見によってエチレンの重合反応は低圧・低温の条件で進行させることが可能になり，今日のポリエチレン工業の基礎が築かれたのです。

5. 合成高分子の進歩

　一般に，ある物質の性質をその構造から推し量ることが可能です。4章で，共有結合は強い極性をもつことも，また無極性にもなりうること

を学びました。炭化水素は，炭素－炭素結合と炭素－水素結合だけから
なり，これらのタイプの共有結合は極性がほとんどないことから，ポリ
イソプレンである天然ゴムは，他のほとんどの炭化水素と同様に無極性
のポリマーです。一方，水分子は大きな極性を持つ分子であり，この極
性の違いのため，ポリイソプレンと水分子は互いに混じりあいません。
一般に，極性物質どうしはよく混ざり，無極性物質どうしはよく混ざり
ます。しかし極性物質と無極性物質，たとえばポリイソプレンと水，油
と酢は混ざりません。このような現象は，化学の世界では「似たものど
うしはよく混ざる」という経験則として知られています。

　全てのポリマーが炭素と水素だけでできているわけではありません。
たとえばソフトコンタクトレンズ用のポリマーをつくるとすれば，この
種のポリマーにはどのような性質が求められるでしょうか。ソフトコン
タクトレンズは，親水性で水になじみ，また，使用者の眼球の形に合わ
なくてはならないので，柔軟性も必要です。そこで天然ゴムのように，
骨格のなかの主要な結合，すなわち炭素－炭素結合のまわりにねじれ易
く，柔軟な構造のポリマーとなっています。4章で，水素結合は，電気
陰性度の大きな原子（今の場合は水の酸素）と，電気陰性度の大きな原
子に結合した水素との間に（この場合はヒドロキシ基のH)，形成する
ことを学びました。ポリマーと水分子との水素結合により親水性となる
ので，ゴムとは違って水を弾きません。

　このように，一般にポリマーは，化学構造に基づいて，強度，弾力，
曲がりにくさといった性質を理解したり，逆にデザインしたりできるわ
けです。デュポン社の化学者クオレク（Stephanie Louise Kwolek）は，
驚異的な強さをもつ新しいポリマーの実験を行っていました。彼女がと
くに興味をもったのは，イオン結晶（3章）のような硬く詰まっている
ポリマーの作成でした。彼女が開発したポリマーを図9-6に示します。

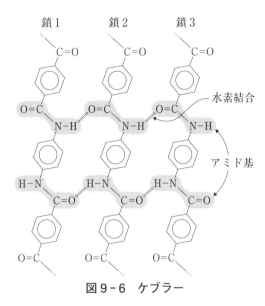

図9-6　ケブラー

このポリマーはベンゼン環を含み，その他にアミド基（NH-CO）とよばれる官能基を含んでいます。

　アミド基はタンパク質のような他の天然ポリマーでも重要ですが，アミド基の中の窒素と炭素の結合は二重結合性をもつために，N-C結合軸まわりの自由な回転が阻害されます。すなわち，ベンゼン環とアミド結合があるため，クオレクのポリマーはきわめて硬いものになりました。このポリマーはほとんど曲がらず，1本のポリマー（綱）はまっすぐです。さらにこの綱が束ねられ，ぎっしりと詰められたものが三次元結晶をつくります。ポリマーが硬く詰まると，綱どうしの間の水素結合によって互いに相互作用し，ポリマーをさらに強固にしています。**ケブラー**とよばれることになったこのポリマーは，鋼鉄の5倍の強度をもち，吊り橋のケーブル，防弾チョッキ，ヘルメット，ヨットの帆などに

用いられています。以上のように，新しいポリマーのデザインに際して，ある特別な性質をポリマーに与えることができる可能性があります。また次に紹介するように，ポリマーの構造的特徴からそのポリマーが容易にリサイクルできるかどうかもわかるのです。

6．環境との関わり

（1）ごみの抑制とリサイクル

　プラスチックは熱に対する性質の違いにより，熱可塑性プラスチックと熱硬化性プラスチックに大きく分類されます。熱可塑性プラスチックは熱を加えると軟らかくなるものの，冷やすとまた硬くなります。長く伸びた鎖状高分子が不規則にならんでいるため，加熱すると分子間の結合が切れて様々な形に変形しますが，冷やすと再び分子同士が結合して固まります。熱硬化性プラスチックは，加熱すると分子の間で結合が起こり，網目状に結ばれて固まるプラスチックで，再度加熱しても軟らかくなりません。

　プラスチックのリサイクル法には，主にマテリアルサイクルとケミカルリサイクルがあります。マテリアルリサイクルは溶かして別の製品にする再生利用であり，例として服のフリースが挙げられます。ポリエチレンテレフタレート（PET）をいったん溶かし，細い孔から押し出して繊維にし，衣服を作ります。マテリアルリサイクルには熱可塑性プラスチックが適しています。ケミカルリサイクルはプラスチックをモノマーに分解して回収し，モノマーを再びつなげてプラスチックを作る方法です。この方法が自由に使えるようになればリサイクル問題は解決に向かうはずですが，まだリサイクル率が低い状況です。実際，日本では，プラスチックリサイクルの約 20% がマテリアルリサイクル，数 % がケミカルリサイクルされているに過ぎません。残りのほぼ半分は燃やされ

ています。燃やしたときの熱を有効利用することをサーマルリサイクルと呼びますが，プラスチックが再生されるわけではなく，これは厳密な意味でのリサイクルではありません。熱硬化性樹脂では，ケミカルリサイクル，サーマルリサイクルが行われることになります。

　プラスチックリサイクルを推進するためには，まず材料別に分けて回収する必要があります。1989年にアメリカのプラスチック産業協会が，プラスチック廃棄物の効率的な分別や収集促進のためプラスチック材質表示識別マークを制定しました（図9-7）。

PET	HDPE	PVC	LDPE	PP	PS	OTHER
ポリエチレンテレフタレート	高密度ポリエチレン	塩化ビニル樹脂	低密度ポリエチレン	ポリプロピレン	ポリスチレン	その他

図9-7　プラスチック材質表示識別マーク

　日本においても2000年の容器包装リサイクル法の完全施行に件って，識別表示が義務化され，プラスチック製品の分別回収と再製品化が開始されました。識別マークは図9-8に示すように，飲料・酒・油用ペットボトルには三角マークの1番を，その他のプラスチック製包装容器にはプラマークを使用するよう統一されています。なお，プラマークにはプラスチックの種類を表すPE（ポリエチレン）やPP（ポリプロピレン）などの略号を付け加えることが推奨されています。

PET　　　　　　　　PE

図9-8　識別マーク（容器包装リサイクル法）

　以前から，クジラなどの海洋哺乳類やウミガメ，海鳥などの胃の中から見つかるビニール袋について，警鐘が鳴らされていました。このような，いわば，マクロサイズのプラスチックによる汚染の問題に加え，近年では，マイクロプラスチックの環境への影響が注目されています。マイクロプラスチックとは粒径が 5 ミリメートル以下[4]の微細なプラスチック片で，マイクロプラスチックを摂食した海洋生物への蓄積と，その影響が懸念され，現在，研究が進められています。マイクロプラスチックはその由来により 2 種類に分類されます。一次マイクロプラスチックは，洗顔料・歯磨き粉といったスクラブ剤などに利用される小さなプラスチックが，海へと流出したものです。二次マイクロプラスチックは，捨てられたビニール袋やペットボトルといったプラスチック製品が海へ流出し，紫外線による劣化や波の作用などにより破砕されて，マイクロサイズになったものです。さらに新たなマイクロプラスチックとして，衣類の洗濯により布の合成繊維から脱落して発生する微小な繊維であるマイクロファイバーの自然界への流出が報告されています。二次マイクロプラスチックに関しては，ごみの発生と流出を抑制することでマイクロ化する前の段階で対策を講じることが可能といえます。

　日本でも，プラスチックごみの排出量削減のため，2020 年 4 月 1 日からスーパーやコンビニエンスストアでレジ袋の有料化が行われ，7 月 1 日から全小売店で有料化が義務化されました。EU（欧州連合）では，2019 年 5 月に「プラスチック指令」が採択され，加盟国は 2021 年までにプラスチック製のストローや皿といった使い捨てプラスチック製品の使用禁止への対応が進められています。

4）1 mm 以下とする場合もあります。

（2）BPA と環境ホルモン

　ビスフェノール A（bisphenol A，BPA）は，食器の材料として使用される高分子であるポリカーボネートを構成するモノマーです。ところが 2007 年に食品に溶けだした BPA の危険性が報告されました。BPA は生殖機能の異常，乳がん，前立腺がん，子供の肥満などに関係すると考えられています。BPA は，ベンゼン環とヒドロキシ基をもち，その分子構造はヒトのホルモンのひとつであるエストラジオールの分子構造に似ています（図 9 – 9）。ホルモンは，細胞にある受容体とよばれるタンパク質と結合し，細胞内での信号伝達が起こります。BPA はエストロゲンの代わりにエストロゲン受容体と結合できることから，受容体と結合した BPA が，正常な発達とホルモンのバランスを阻害する可能性があり，乳腺細胞の増殖促進，女性化などが懸念されています。このため BPA は**内分泌かく乱物質**（環境ホルモン）とよばれます。現在ポリカーボネート製容器等について BPA の溶出量について規制が行われ，BPA の影響について研究が続けられています。

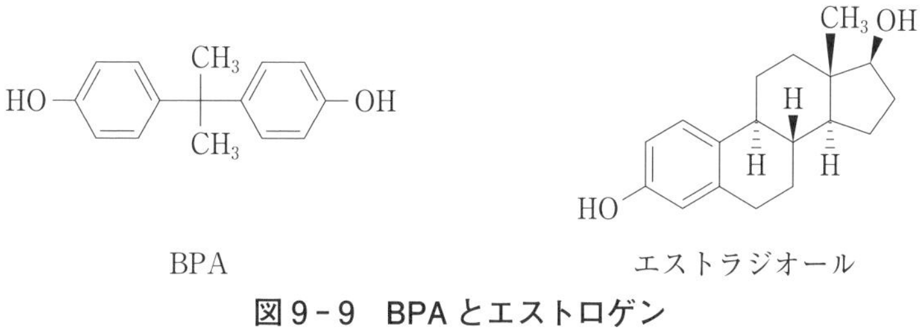

BPA　　　　　　　　　　エストラジオール
図 9 – 9　BPA とエストロゲン

138

7. まとめ

　天然高分子であるゴムの利用から始まった高分子の利用は，化学の発展とともに，合成高分子やプラスチックの開発により，社会生活に大きな利便性をもたらしました。一方で海洋汚染や近年のマイクロプラスチックの蓄積など，看過できない環境への影響が懸念されます。合成高分子のもたらす利便性と，環境に配慮した利用の両立を考えるとき，科学的な理解と考察を基盤とすることが大切です。

練習問題と課題

問題1　ポリエチレンの利点について調べなさい。

問題2　PET（polyethylene terephthalate）を図5-1で解説した線構造式で書きなさい。

問題3　ヒドロキシ基は親水性か疎水性か答えなさい。分子内にヒドロキシ基を含む合成繊維は吸水性か水をはじくか答えなさい。

10 │ 生命の分子・生命の化学

三島正規

《**目標＆ポイント**》 生命（いのち）を，化学で理解するため，生き物がエネルギーを獲得（代謝）するしくみと，自己複製する仕組みを「分子」に基づいて概観します。
《**キーワード**》 タンパク質，核酸，DNA，RNA，ペプチド結合，酵素，代謝，α-ヘリックス，β-シート，ATP，F1FoATP合成酵素

1. 細胞内で化学反応の担い手となる分子

（1）はじめに

　生き物とは何か。生き物，生命現象には物質では語れない本質（生気）が伴っているとする「生気論（Vitalism）」は，20世紀初頭までは根強いものでしたが，現代ではそう考える人は少ないでしょう。しかし，自らエネルギーを獲得し，自らを再生産して増殖する，生き物というこの高度なシステム[1]を，「生気」という概念を導入しないで，理解するにはどうすればよいのでしょうか。20世紀以降の化学の発展により，有機物や，生き物を構成する**タンパク質**や**核酸**などの分子の理解が進み，膨大な知見が蓄積されました。これにより，生き物とは，分子で構成された分子機械であるという「機械論（Mechanism）」に基づいた精緻な理解が進みました。

　本章では，生き物はどのようにエネルギーを獲得するのか，遺伝情報とは生気でなく，核酸分子（**DNA**）の塩基の並び方で，どのようにし

1）生き物の正式な学術的な定義は存在しません。様々な定義のなかで，最大公約数的な項目として，エネルギーの獲得と自己複製が挙げられます。

て正確にその並びが複製されているのか，化学の目を通して，その姿を見ていきましょう。体（細胞）の中では，どのような分子がどのような化学反応をし，どのような化学のしくみが働いているのでしょうか。

（2）タンパク質：生命の機能を生み出す分子機械

　タンパク質というと，例えば，牛肉が，たんぱく質に分類されることを思い浮かべる人が多いでしょう。栄養学における「たんぱく質」とは，タンパク質分子を多く含む食品という意味です。化学の立場でとらえると，タンパク質とはアミノ酸[2]がペプチド結合[3]により重合した高分

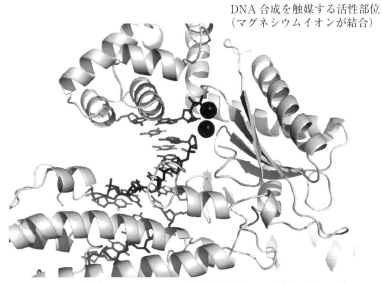

DNA 合成を触媒する活性部位
（マグネシウムイオンが結合）

図10-1　酵素の1つ，DNA 合成酵素（DNA ポリメラーゼ）
　　　　DNA ポリメラーゼをリボンで，DNA をスティックで示す。黒い球はマグネシウムイオンを示す。

2）巻頭口絵参照。

3）アミド結合と同じ。$-NH-\overset{\overset{\textstyle O}{\|}}{C}-$　という化学構造をもつ。9章参照。詳細は化学結合論（巻末に示した参考文献）12章参照。

子です。細胞の中では，高い温度を必要とせずに，非常に効率よく化学反応が進む点が特徴です。これは，触媒[4]としてはたらくタンパク質の活躍によるものです。タンパク質はアミノ酸の側鎖[5]がもつ官能基や，金属イオンを使って**活性部位**を形成し，**酵素**（すなわち触媒）としての機能を持つことができます（図10-1）。生き物（細胞）の中の化学反応では，タンパク質が触媒として働くことで，反応を進行させています。

またタンパク質は酵素となる以外にも，細胞を形作る部材[6]となったり，リボソームのような巨大な分子複合体を形成したりします。図10-2に私たちの体を形作る「もの」を，その階層ごとに示してあります。ほぼ1メートルの私たちの体も，10nmにも満たないタンパク質が働く，約60兆個の細胞の集団です。

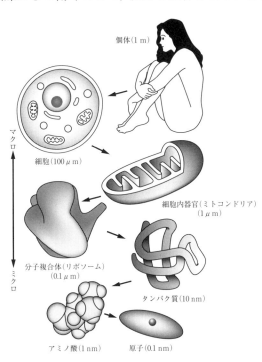

個体(1 m)

マクロ

細胞(100μm)

細胞内器官(ミトコンドリア)(1μm)

分子複合体(リボソーム)(0.1μm)

ミクロ

タンパク質(10nm)

アミノ酸(1nm)　原子(0.1nm)

マクロからミクロへ
［注・1μm（ミクロン）は1000分の1ミリ，1nm（ナノメートル）は1000分の1μm］

図10-2　生き物の階層構造

4）触媒の詳細は6章。
5）側鎖については巻頭口絵参照。
6）アクチンフィラメントや中間径フィラメント，微小管と呼ばれるタンパク質複合体が，細胞を裏打ちして形を形成します。細胞骨格と呼ばれます。

　分子レベルの階層で，生き物を形づくる重要な役者，タンパク質を理
解するため，タンパク質そのものを，さらに微視的に見てみましょう。
タンパク質を構成するアミノ酸の並び方を一次構造とよび，これは4節
で詳説しますが，DNAの塩基配列にしたがって決まっています。アミ
ノ酸が重合した際にペプチド結合に含まれるアミド基とカルボニル基の
間で形成される**水素結合**によって，タンパク質には，**α−ヘリックス**と
β−シートと呼ばれる部分的な規則的構造が生み出され，これらは二次
構造と呼ばれます（図10−3）。二次構造が集まって，まとまってでき
た全体構造を三次構造といいます。

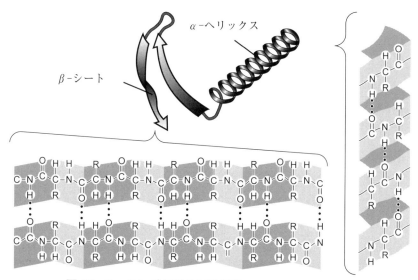

図10−3　タンパク質の二次構造
　　　構造式とリボンで示す。Rはアミノ酸側鎖

（3）生き物を構成する元素

　では，生き物を構成している元素には，何があるのでしょうか。代表として我々のヒトの体を考えます。タンパク質や核酸などの有機分子を作っているのは，主に酸素（O），水素（H），炭素（C），窒素（N），リン（P）およびイオウ（S）の6つで，特にO，H，C，Nで体全体の96％（重量）を占めています。さらに，カルシウム（Ca），カリウム（K），ナトリウム（Na），マグネシウム（Mg）およびアルミニウム（Al）を加えると11元素となり，ここまでで，人体の99％以上を占めます。驚くべきことに，多数を占めるこれら11元素のみでは我々は生存できず，残り1％未満の，極めて微量な鉄（Fe），亜鉛（Zn），マンガン（Mn），コバルト（Co），銅（Cu），モリブデン（Mo），ヨウ素（I），クロム（Cr），セレン（Se）の9元素がなくては健康や生命は維持できないのです。これら9元素は，酵素やタンパク質の立体構造を維持したり，重要な化学反応の触媒として働いています。栄養学では，「微量ミネラル」とよばれることもあります。

2. エネルギーの獲得

　生き物（細胞）の中で営まれる化学反応を総称して**代謝**といいます。ここではエネルギーを獲得するための主要な化学反応であるグルコース代謝を見てみましょう。化学反応としてみたとき，グルコース（$C_6H_{12}O_6$）の燃焼は，式（10-1）のように $2803\ kJmol^{-1}$ の発熱反応です[7]。

$$C_6H_{12}O_6 + 6O_2 \rightarrow 6CO_2 + 6H_2O, \quad \Delta H = -2803\ kJmol^{-1} \qquad (10-1)$$

　生物のグルコース代謝でも同様に，酸素によってグルコースは酸化され，二酸化炭素と水へ分解されます。生き物は，この反応で発生する熱

7）式（10-1）は7章に合わせ，国際標準の書き方です。生成系のエネルギーが反応系より低い時，ΔH は負です。

をそのまま利用しているのでしょうか。実は，生き物の中では，
式（10-1）のとおりにグルコースと酸素から直接二酸化炭素と水及び
熱エネルギーが生成するのではありません。タンパク質なども関わる多
くの反応を使って，グルコースと酸素から，二酸化炭素と水へ多段階で
分解する過程で，**アデノシン三リン酸（ATP）**を作り出し，熱ではなく
て ATP の化学結合のエネルギーにします。ATP はエネルギーを取り
出しやすい分子です（図10-4）。ATP は，細胞のさまざまな場所，場
面で，**アデノシン二リン酸（ADP）**へ加水分解し，それにともなって
エネルギーも生成します。そのエネルギーを使って細胞内のタンパク質
が，さまざまな反応を進行させます。ATP は，石油やガス（あるいは
水素でしょうか）など燃料に似ています[8]。我々が，社会活動のさまざ
まな場面でエネルギーを取り出すために燃料を利用しているように，細
胞は生命活動のために ATP を利用しています。

　次に，図10-4に，グルコース代謝を考えるうえで大切な有機分子を
示します。**ピルビン酸，ニコチンアミドアデニンジヌクレオチド
（NAD），アセチル補酵素A（アセチル-CoA）**[9]**，フラビンアデニンジ
ヌクレオチド（FAD）**が重要な役割を果たしています[10]。グルコース代
謝には多くの反応が含まれますが，大きく分けると，（1）**解糖系，**
（2）**TCA回路，**（3）**電子伝達系**[11]の3つの反応を順に経て，最終的
にグルコースが水と二酸化炭素になります。この際，1分子のグルコー
スあたり総計32分子[12]の ATP が作り出されます。

8）エネルギーと交換できるお金のようなもので，エネルギー通貨と例えられるこ
　とも多いです。
9）補酵素とは，酵素反応にかかわる低分子量の有機化合物の総称。
10）ビタミンB群の多くは，図10-4で示すように，代謝に関わる分子の材料とし
　て使われており，これらが欠乏すると，代謝がうまく行われません。これが脚
　気などを引き起こします
11）ミトコンドリア内膜にある，呼吸鎖I～IVと名付けられた4つの膜タンパク質
　複合体の総称。
12）30分子，もしくは30分子以下であるという研究もあります。

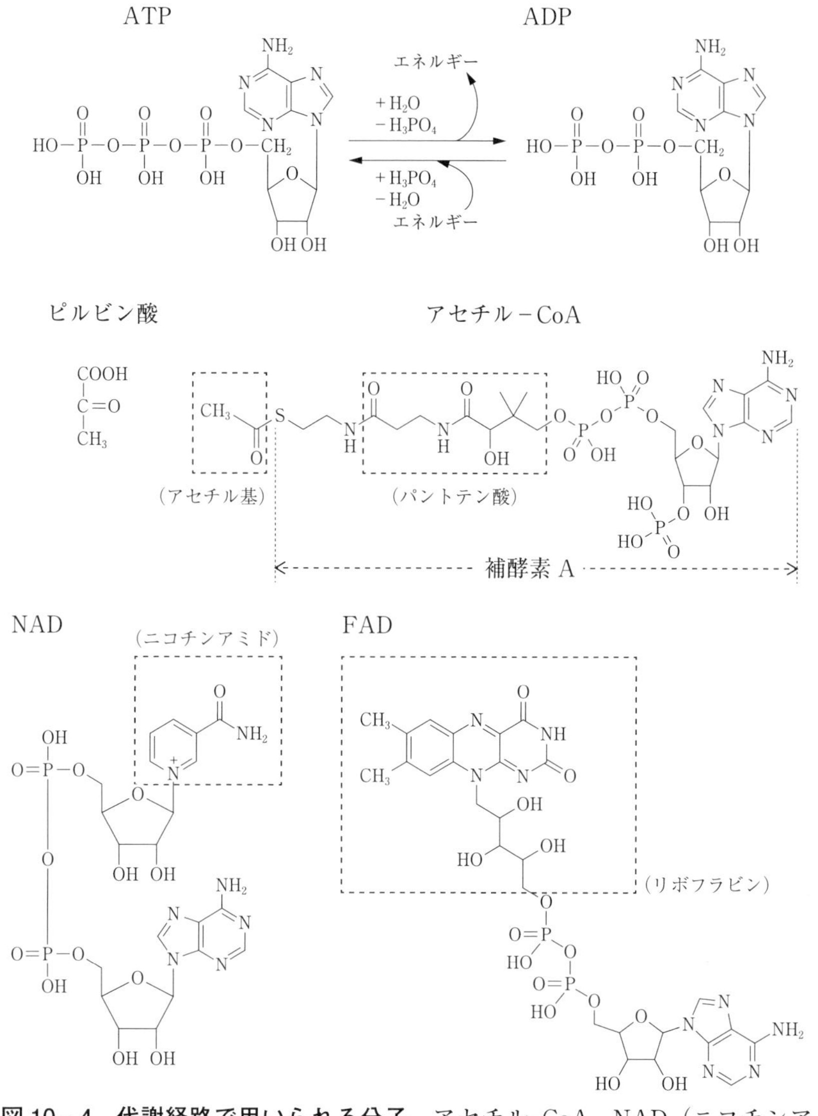

図 10 - 4　**代謝経路で用いられる分子**　アセチル-CoA, NAD（ニコチンア
ミドアデニンジヌクレオチド）や FAD（フラビンアデニンジヌク
レオチド）では, パントテン酸, ニコチンアミド, リボフラビン
（これらは, いずれもビタミン B 群）を分子内にもつ。

（1）解糖系

　分子の世界での役者の紹介をしたところで，解糖系について説明します。解糖系は，グルコース（$C_6H_{12}O_6$）をピルビン酸（$C_3H_4O_3$）へ分解する反応で，その際，ATP と**還元型 NAD** がつくられます（図 10 - 5）。ピルビン酸はミトコンドリア[13]に運ばれ，補酵素 A（CoA）と結合して，**アセチル補酵素 A（アセチル-CoA）**になります[14]。

（2）TCA 回路

　ミトコンドリア内に存在する，TCA 回路によって，アセチル-CoA のアセチル基の部分が酸化されて二酸化炭素になり，このとき還元型 NAD と**還元型 FAD** が生じます（図 10 - 5）。

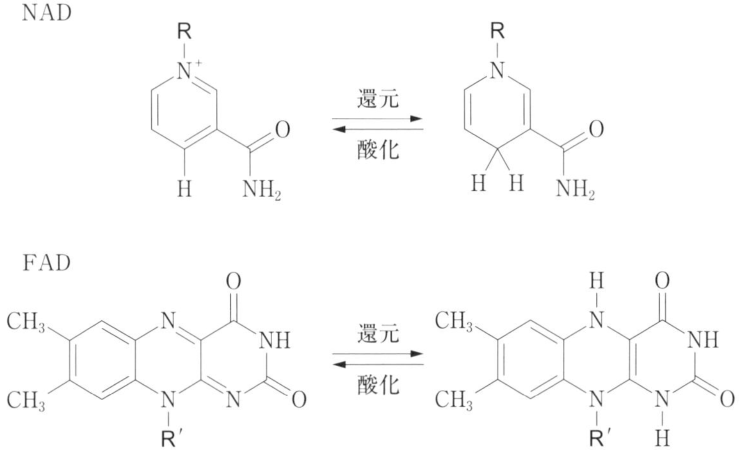

図 10 - 5　NAD と FAD の酸化状態と還元状態
　　R と R′はそれぞれ NAD と FAD の残りの部分を示す。

---

13) 細胞内小器官の 1 つ。図 10 - 2 参照。
14) これは酸素が利用できる場合です。酸素がないとき，乳酸ができる経路が使われます。

（3）電子伝達系

　還元型 NAD と FAD は，同じくミトコンドリアに存在する**電子伝達系**に対して水素イオン（H⁺）と電子を供給します。電子を受け取った電子伝達系は，H⁺を輸送し，ミトコンドリア内膜の内と外で H⁺の濃度勾配を生じさせます。この濃度勾配を利用して，ミトコンドリア内膜を貫通して存在する ATP 合成酵素（図 10 - 6）が ATP を合成します。最終的には，電子は酸素分子に受け渡され，酸素が水に還元されます。

3. 燃料生産工場

　図 10 - 6（A）は，ATP 合成酵素の概略図です。F1 とよばれる ATP 結合部分（ATP 合成部分）と Fo と呼ばれる膜貫通部分（H⁺流入部分）

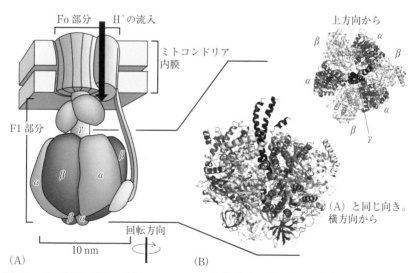

図 10 - 6　F1FoATP　（A）F1FoATP 合成酵素の概略図　（B）F1 部分の結晶構造をリボン図で示したもの。

からできていることから，**F1FoATP 合成酵素**とも呼ばれます。

　2節で述べたように，電子伝達系によって，ミトコンドリアの内膜に水素イオンの濃度勾配が生じます。この濃度勾配を利用して ATP 合成酵素は，ADP とリン酸から ATP を合成するのですが，そのしくみはどうなっているのでしょうか。ボイヤー（Paul Delos Boyer）は，ATP 合成酵素の F1 部分の解析から，活性部位が3つあり，3ヶ所で順繰りに ATP を合成してモーターのようにグルグルと回転しているのではないかという仮説（回転触媒説）を提唱しました。前代未聞のこの回転説は，なかなか受け入れられませんでしたが，1994 年にウォーカー（Sir John Ernest Walker）がウシの F1 の結晶構造解析に成功しました。図 10-6（B）にリボン図を示します。図 10-6（A）の概念図は，結晶構造に基づいて作成されています。それぞれ3個のそら豆状の α サブユニットと β サブユニットが1個ずつ交互に並んで，その真ん中の芯棒の γ サブユニットを取り囲んでおり，いかにも α サブユニットと β サブユニットが γ サブユニットに対して回転しそうな形をしていました。

　現在では，H^+ の濃度勾配による H^+ の流入によって，膜に埋まった Fo が構造変化を起こして γ サブユニットを回転させます（図 10-6）。この γ サブユニットが F1 の α β サブユニットに対して回転した結果，F1 の3つ β サブユニットに連続して構造変化が起こり，β サブユニットで ATP が合成されると考えられています。また，F1 モーター単体では，逆に ATP を加水分解（触媒する）こともでき，このときは ATP 合成時とは逆方向に回転します。F1 モーターは，化学エネルギーと回転運動を相互に変換することができるわけです。

　さて，この F1 分子モーター（むしろ，水流をつかって発電するダムの発電機という表現の方が適切かもしれません）が実際に回転することを，世界で初めて「見た」のが木下一彦，吉田賢右らのグループです。

ATP 合成酵素はタンパク質としては比較的大きいものですが，それでも 10 nm ほどで，とても光学顕微鏡で見ることはできません。図 10‐7 に示すように，彼らは ATP 合成酵素の F1 部分の α サブユニットと β サブユニットをガラス板に固定し，蛍光分子を結合させた長い（数百 nm）アクチン線維を，回転軸となる γ サブユニットに付着させて，リアルタイムで蛍光顕微鏡観察をしました。

　すると，驚くなかれ，アクチン線維がくるくると回る様子が顕微鏡で直に観察されたのです[15]。これにより，ATP という細胞内の燃料を作成する工場（ATP 合成酵素）とは，まるで発電機のような回転する酵素であったことが明らかになりました。

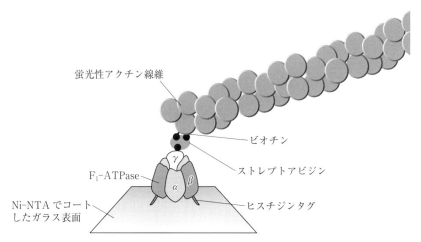

図 10‐7　F1FoATP 合成酵素の回転の観察　NTA（Nitrilotriacetic acid）はニッケルイオンを結合し，さらにニッケルイオンにヒスチジンが結合するので，ヒスチジンタグをもつタンパク質を固定化できる。このタグで α サブユニットと β サブユニットをガラス表面に固定し，ストレプトアビジンとビオチンを介してと γ サブユニットに長いアクチンを結合させている。

15）https://brh.co.jp/s_library/interview/67/　JT 生命誌研究館に動画があります。（2021 年 3 月現在）

4. 自己複製のしくみ

　エネルギー獲得の重要な部分はミトコンドリアにありましたが，遺伝情報はどこにあるのでしょうか。細胞レベルからDNAまでを図10-8で確認しましょう。細胞の中の細胞内小器官である核の中に，**染色体**があります。染色体は，DNA分子がヒストンと呼ばれるタンパク質に巻き付いたもの（これをヌクレオソームといいます）の集合体です。

　図10-9に示すように，DNAは，塩基として，アデニン（A）とチミン（T），グアニン（G）とシトシン（C）をもちます。一方，**RNA**は，アデニン（A）とウラシル（U），グアニン（G）とシトシン（C）をもちます。次の図10-10で示すように，AとTが2本の水素結合によっ

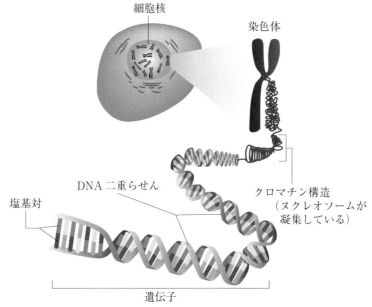

図10-8　細胞のなかに収納されるDNA

て**塩基対**を形成し，GとCは3本の水素結合をつかって塩基対を形成します。RNA では，チミンではなくウラシルで構成されますが，ウラシルもチミン同様，アデニンと2本の水素結合で塩基対を形成します。すなわち，DNA と RNA の間で塩基対を形成することも可能で，DNAを鋳型にして，相補的（塩基対を形成できる）な**メッセンジャーRNA**（**m-RNA**）が合成されます。これを**転写**と呼びます。

　塩基（ATGC）の並び方，すなわち DNA の配列（m-RNA の配列）は，リボソームでタンパク質の**アミノ酸配列**に対応します。DNA の3つの塩基の組が，1つのアミノ酸に対応しています。この3つの組を**コドン**といいます。塩基には AUGC の4種類があるので，3文字では4×4×4で64通りの指定が可能ですが，アミノ酸は20種類なので，コドン

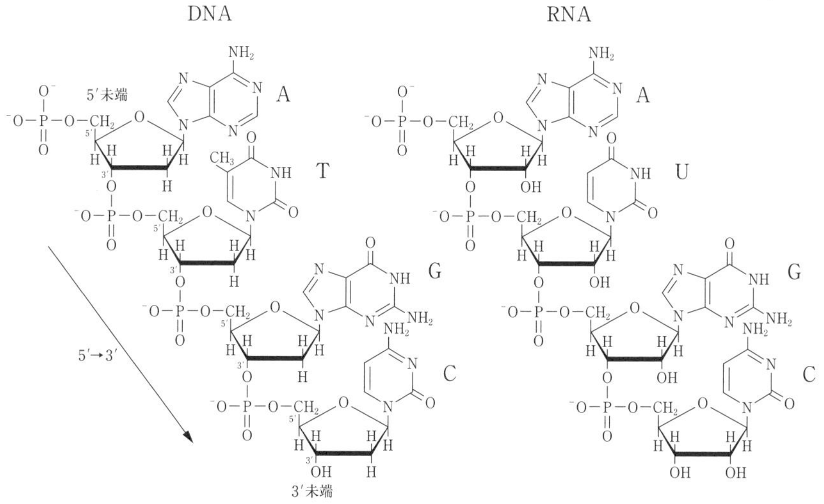

図 10-9　DNA 鎖と RNA 鎖
環状の糖の炭素のどの位置で連結するかによって，5′末端と3′末端という末端（方向性）が定義できる。RNA では塩基 T が塩基 U となる。

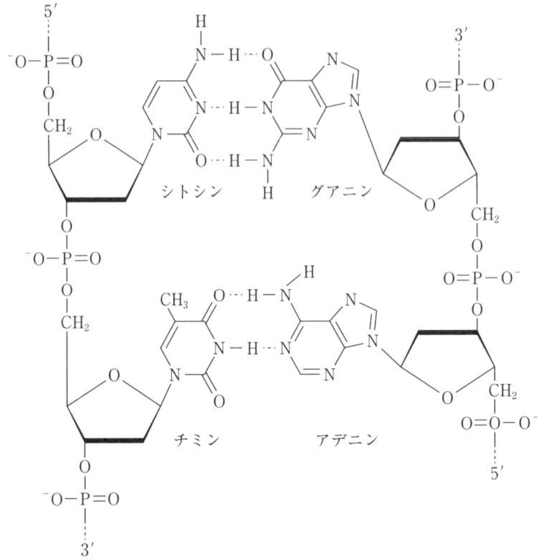

152

図 10 - 10　2本鎖 DNA 鎖の構造
水素結合によって塩基対が形成される。

と対応するアミノ酸には重複があります（表 10 - 1）。例えば，UUU というコドンを見てください（表 10 - 1 の中の左上）。フェニルアラニンというアミノ酸に対応しています。その下にある UUC もフェニルアラニンですから，重複しています。このコドンとアミノ酸の対応関係ですが，大腸菌の場合と，ヒトでの場合で，どれくらい似ていると思いますか。なんと，基本的に共通なのです。

　「大腸菌で正しいことはゾウでも正しい」，分子生物学者モノー（Jacques Lucien Monod）の言葉ですが，生き物に普遍的で基本的なしくみを，分子レベルで次々に解明していった初期の分子生物学者の発見の興奮や研究への意気込みが伝わってきます。次に，遺伝情報にしたがったタンパク質合成について解説します。図 10 - 11 にあるように，細胞の核内で RNA 合成酵素（RNA ポリメラーゼ）によって合成され

表 10-1　コドン表

1番目の塩基	2番目の塩基								3番目の塩基
	U		C		A		G		
U	UUU	フェニルアラニン (Phe)	UCU	セリン (Ser)	UAU	チロシン (Tyr)	UGU	システイン (Cys)	U
	UUC		UCC		UAC		UGC		C
	UUA	ロイシン (Leu)	UCA		UAA	終止	UGA	終止	A
	UUG		UCG		UAG		UGG	トリプトファン (Trp)	G
C	CUU	ロイシン (Leu)	CCU	プロリン (Pro)	CAU	ヒスチジン (His)	CGU	アルギニン (Arg)	U
	CUC		CCC		CAC		CGC		C
	CUA		CCA		CAA	グルタミン (Gln)	CGA		A
	CUG		CCG		CAG		CGG		G
A	AUU	イソロイシン (Ile)	ACU	トレオニン (Thr)	AAU	アスパラギン (Asn)	AGU	セリン (Ser)	U
	AUC		ACC		AAC		AGC		C
	AUA		ACA		AAA	リシン (Lys)	AGA	アルギニン (Arg)	A
	AUG	メチオニン(開始) (Met)	ACG		AAG		AGG		G
G	GUU	バリン (Val)	GCU	アラニン (Ala)	GAU	アスパラギン酸 (Asp)	GGU	グリシン (Gly)	U
	GUC		GCC		GAC		GGC		C
	GUA		GCA		GAA	グルタミン酸 (Glu)	GGA		A
	GUG		GCG		GAG		GGG		G

たm-RNA（配列はDNAに相補的）がリボソームに結合します。リボソームはリボソームRNAとリボソームタンパク質で構成される巨大な分子複合体です。m-RNAに対して，特定のアミノ酸と結合した運搬RNAが結合します。

　特定のアミノ酸と結合した運搬RNAは，アミノアシル運搬RNAとよびます。大切な点は，運搬RNAがアミノ酸結合部位と，m-RNAのコドンに対して水素結合を作るための，コドンと相補的な3つ組の塩基（**アンチコドン**と呼ぶ）の両者を持っている点です。アンチコドンとm-RNAのコドンが塩基対を形成することで，アミノアシル運搬RNA

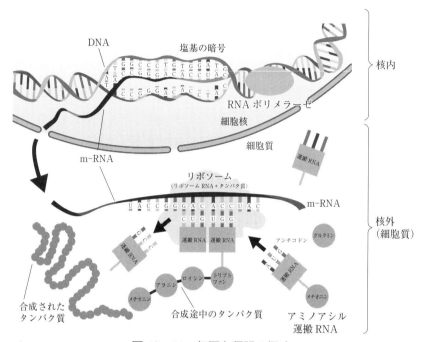

図 10‐11　転写と翻訳の概略

は m-RNA に結合します（図 10‐11）。アミノアシル運搬 RNA から，ペプチド鎖へのアミノ酸の移動（すなわち，新たなアミノ酸とのペプチド結合の形成）によって**リボソーム**でタンパク質合成が起こります。リボソームでのタンパク質合成を**翻訳**と呼びます。

　リボソームが翻訳を進めていき，コドンの UAA，UAG，UGA のところまでやってくると，翻訳が終了します。これらのコドンにはアミノ酸が対応していません（表 10‐1）。そもそも，細胞内でこれらコドンに対応する（塩基対を形成する）運搬 RNA は存在せず，代わりに翻訳終結因子とよばれるタンパク質が結合することで，翻訳を停止させてし

まいます。翻訳が停止することから，UAA，UAG，UGA は終止コド
ン[16)]と呼ばれています。

　また，生き物は，DNA 配列を自ら正確に複製します。DNA の重合は，
DNA 合成酵素（DNA ポリメラーゼ）（図 10-1）が触媒することによっ
て行われます。鋳型となる DNA の塩基に対する特異的な塩基対形成
（すなわち，水素結合）によって新しく合成される DNA の配列は一義
的に決まります。DNA 合成酵素はマグネシウムイオン（Mg^{2+}）を使っ
て重合の反応性を高める[17)]ことで，触媒として働きます。

5. まとめ

　有機化学の勃興とともに，20 世紀初頭からの半世紀で，細胞の中で
の低分子有機化合物の反応，すなわち代謝が詳細に解析され，TCA サ
イクルなどの理解が確立していきました。20 世紀後半では，さらに遺
伝子の解析とタンパク質の（立体構造も含めた）解析による化学レベル
での理解が急速に進みました。分子レベルでの理解を駆使して，「生命」
を化学の目で見る試みは，化学の重要なミッションのひとつです。これ
は，単に理解にとどまらず，11 章で学習する「生命を操作する」とい
う応用へと繋がっていきます。

---

16) UGA コドンは，ほとんどのタンパク質には終止コドンとなりますが，細胞内
　　の酸化・還元状態を制御する酵素であるグルタチオンペルオキシダーゼでは
　　UGA コドンに対してセレノシステインが対応して取り込まれます（セレノシ
　　ステインは，システインの硫黄がセレンに置き換わった特殊なアミノ酸）。我々
　　が必要とする微量元素として知られるセレンは，こんなところに使われていま
　　す。
17) 詳しくは化学結合論 12 章を参照してください。

練習問題と課題

問題1　ヒトには糖の貯蔵システムがある。エネルギーの貯蔵に使われる物質とその代謝について調べなさい。

問題2　亜鉛はなぜ生体に必要か，調べなさい。

問題3　嗅覚や味覚は，そのもととなる物質が受容体と呼ばれるタンパク質に結合することによって認識される。人工甘味料アスパルテームの化学構造を調べ，それがシュクロースと構造が似ているか比較しなさい。またアスパルテームはどのように甘味をもたらしているのか調べなさい。

11 | 生命を操作する化学

三島正規

《**目標＆ポイント**》 生命に影響を及ぼす化合物の代表である医薬品，特に現代の医薬品について学びます。さらに生命の設計図を書き換え，デザインすることのもたらす影響について考えます。

《**キーワード**》 SBDD，PCR 法，遺伝子組み換え，GFP，遺伝子組み換え作物，ゲノム編集，CRISPER-Cas9

1. 医薬品を設計する

（1）はじめに

　人類は，柳の葉からアスピリン（抗炎症薬），アオカビからペニシリン（抗生物質）を発見するなど，天然の化合物を薬として利用してきました。国内でもメバスタチン（高脂血症治療薬）が 1970 年代にアオカビの一種から単離されたことや，アベルメクチン（化学修飾を施したものがイベルメクチン）（駆虫薬）を放線菌から単離した大村智博士が 2015 年ノーベル医学生理学賞を受賞したことは記憶に新しいでしょう。すなわち，最近まで薬の開発の重要な要素は，体（細胞）のはたらきに影響を及ぼす天然物化合物の探索[1]にあったわけです。

　一方，1980 年代に遺伝子組み換え技術の発達によって，タンパク質を大量生産するのに都合のよい宿主（大腸菌，酵母，昆虫細胞等）[2]に対して遺伝子組み換えを行うことで，効率良くヒトのタンパク質をつくることが可能になりました。また同時に，コンピューターの進歩や検出

1）天然ではないものの，抗菌剤のサルファ剤は 1900 年代初頭，数千種類のアゾ色素（R-N＝N-R' 構造をもつ）の中から見つけられました。
2）遺伝子導入が可能な生物のこと。

装置の効率化によってもたらされたＸ線結晶構造解析等の分子構造解析技術が飛躍的に進歩しました。このおかげで疾患に関連したヒトのタンパク質の立体構造に基づいて，それに結合する化合物を設計することで，医薬品を開発することが可能になったのです。自然界や多くの化合物の中から探索を行うのではなく，タンパク質分子の表面のポケットや，活性部位の形状に基づいて，それにはまる化合物をデザインし，医薬品候補化合物を設計するわけです。これは，SBDD（Structure-Based Drug Design）とよばれています。

（2）オセルタミビル（タミフル）の開発

　図11-1にインフルエンザウイルス[3)]の構造とその増殖についてまとめました。インフルエンザウイルスは，その表面にヘマグルチニンと呼ばれるタンパク質をもっています（図11-1上）。このヘマグルチニンが，宿主（ヒト等）の細胞の表面のシアル酸と結合することでウイルスが感染します（図11-1下①）。さらにウイルスは，細胞がもつエンドサイトーシスと呼ばれる細胞外から細胞内へのとりこみ作用によって細胞内に侵入し，そこで壊れます（脱殻，同②）。次にウイルスの遺伝情報（ウイルスゲノム）であるRNAが核内へ移行します（同③）。その後，核内で遺伝情報が複製および転写され，そして核外でウイルス由来のタンパク質とウイルスゲノムがともに再構成されて細胞膜の外へ出芽します。この際，侵入したウイルスよりもはるかに多数のウイルスが再構成されて，細胞表面に出てきます（出芽，同④）。出芽したウイルスは，最初，シアル酸とヘマグルチニンの結合によって膜表面に係留されていますが，ウイルスがもつ酵素であるノイラミニダーゼがシアル酸を切断することにより，ウイルスが細胞表面から放出されます（同⑤）。このようなサイクルでインフルエンザウイルスは増殖します。

3）ウイルスとは自身の遺伝情報を持つものの，それ自体ではエネルギーを生産せず，自己複製もできない分子複合体。宿主に寄生し，そのシステムを利用することで自己複製を行う。

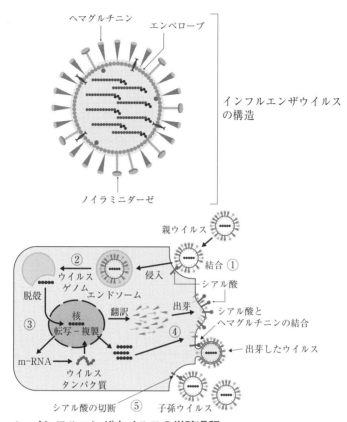

図 11 - 1　インフルエンザウイルスの増殖過程
（上）インフルエンザウイルスの構造。（下）インフルエンザウイ
ルスが細胞にとりつき，増殖するサイクル。

　このノイラミニダーゼに結合して切断活性を阻害することで，インフ
ルエンザウイルス表面にあるヘマグルチニンと宿主（ヒト）細胞表面の
シアル酸の結合を維持させ，インフルエンザウイルスが細胞から放出さ
れるのを阻害するのがノイラミニダーゼ阻害剤です。代表的なものとし

160

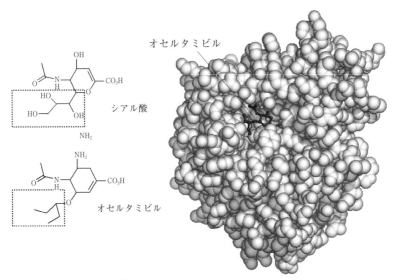

オセルタミビル

シアル酸

オセルタミビル

図11-2　オセルタミビル
(左) シアル酸とオセルタミビルの構造の比較。点線で囲んだ部分
がグリセロールからアルキル鎖に変わった部分。(右) ノイラミニ
ダーゼ (灰色の分子表面) にオセルタミビル (口絵参照) が結合
した様子。黒矢印はアルキル基の部分。

てオセルタミビル (タミフル) が知られています (図11-2)。

　その化学構造を見ると, シアル酸では図11-2の点線で囲んだ親水性
のグリセロールの構造であった部分は, オセルタミビルでは疎水性のア
ルキル鎖に置き換えられている点が特徴です。この構造をもったオセル
タミビルは, ノイラミニダーゼの活性部位にはまり込み, 強く結合しま
す。このデザインの際にコンピューターの支援による, タンパク質への
結合の予測 (SBDD) が非常に有効でした。

(3) その他のデザインされた薬

　エイズ (後天性免疫不全症候群) は, HIV (Human Immunodeficiency

Virus）の感染によって引き起こされる病気です。HIV がもつ，HIV の
タンパク質が作られる際に働く HIV プロテアーゼとよばれる酵素を選
択的に阻害することができれば，HIV の増殖を抑えることができると
考えられました。HIV プロテアーゼの立体構造は 1989 年に最初に明ら
かになり，そして，SBDD による阻害剤のデザインと，結晶構造解析，
実際の合成と活性の評価による試行錯誤を組み合わせて，1990 年代に
は，HIV プロテアーゼ阻害剤が次々に承認されました。今日，先進諸
国ではエイズによる死亡率が顕著に低下しています。C 型肝炎ウイルス
によって引き起こされる C 型肝炎においても，同様の薬の開発が成功
し，こちらは完治が期待できるまでになっています。

2. 遺伝子組み換え技術

（1）ポリメラーゼ連鎖反応：PCR（Polymerase Chain Reaction）

　さて，効率の良いタンパク質の大量生産に大きな貢献をもたらした遺
伝子組み換えですが，その鍵となる技術が **PCR 法**です。DNA ポリメ
ラーゼ（10 章）を利用して任意の遺伝子領域のコピーを増幅すること
で，少量の DNA サンプルを十分な量にまで増幅することが可能になり
ました。ポリメラーゼ連鎖反応と呼ばれるこの方法は，1983 年にキャ
リー・マリス（Kary Mullis，1993 年にノーベル賞を受賞）が発明しま
した。

　DNA ポリメラーゼは，「鋳型 DNA」と，それに相補的な塩基対を形
成した「プライマー」と呼ばれる短い DNA 鎖の末端（3' 末端）[4]から
DNA の重合を触媒します。現在では耐熱性の DNA ポリメラーゼを用
いており，DNA ポリメラーゼが存在するままで，温度の上昇と下降が
可能です。まず，温度を上昇させ，2 本鎖の DNA を 1 本鎖にします
（図 11 - 3 ①）。次に温度を下げると，プライマー[5]が鋳型となる DNA

4）DNA の 5' 末端，3' 末端は 10 章，図 10 - 9 を参照。
5）プライマーは通常，数十塩基対の DNA で，化学合成により任意の DNA 配列
　のものを容易に調製できる。鋳型 DNA と対合したプライマーでは 5'→ 3' 方向
　が逆であることに注意。

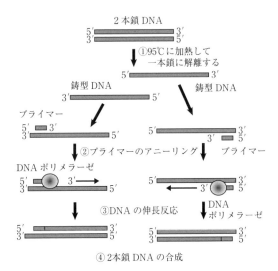

2本鎖 DNA

①95℃に加熱して
一本鎖に解離する

鋳型 DNA　　　　　鋳型 DNA

プライマー

②プライマーのアニーリング　　プライマー

DNA ポリメラーゼ

③DNA の伸長反応　　DNA
　　　　　　　　　ポリメラーゼ

④ 2本鎖 DNA の合成

①から④の過程を繰り返すことで，DNA 断片が増幅される。

図 11 - 3　PCR の概念図

と結合します（アニーリングと呼ぶ，同②）。すると DNA ポリメラーゼにより鋳型 DNA に相補的な DNA が，プライマーの下流に向かって（5'から3'方向に）重合していきます（同③）。この反応を繰り返し，指数関数的に，狙った領域を増幅することができます。

　作業を自動的に行うための装置（サーマルサイクラーと呼ぶ）も市販されています。PCR 法が確立し，容易に狙った領域の DNA 断片が得られるようになったことから，クローニング（目的とする単一の DNA 断片を操作可能な形で取得すること），**遺伝子組み換え**（DNA を切断する酵素である制限酵素，DNA を連結する酵素であるリガーゼを用いて DNA 断片の組み込みを行うこと），遺伝子導入（ベクター[6]を用いて宿主に外来の遺伝子を導入すること）といった実験を簡便に行うことが可能になりました。PCR の発展は，分子生物学や生理学，分類学な

6）目的の DNA 断片を他の宿主へ導入する際に使うツールの総称。細菌では数千
　塩基対からなる環状の DNA であることが多く（これをプラスミドとよびま
　す），高等な生物ではウイルスが用いられることが多い。

どの研究分野での革新的な進歩に貢献する一方，古代 DNA サンプルの
解析，法医学や親子鑑定などにおける DNA 鑑定，感染性病原体の特定
や感染症の診断といった医学などに飛躍的な進歩をもたらしました。

（2）GFP：遺伝子の可視化ツール

　遺伝子の操作技術の確立に先立つこと 30 年ほど前，遺伝子操作など
想像すらされていなかった 1960 年代に，下村脩博士はオワンクラゲか
ら光るタンパク質 **GFP**（Green Fluorescent Protein）を単離しました。
研究の目的は，光るタンパク質の発光の仕組みを理解することでした。
GFP は緑色の蛍光を発するタンパク質で，野生型[7]GFP は，波長
395 nm の光で励起され，509 nm の蛍光を発します。GFP のアミノ酸
配列の一部が**発色団**を自発的に形成し（図 11 - 4），この発色団が励起
されその後基底状態に戻る際，いくらか長い波長（509 nm の緑色）の
光を放出します。図 11 - 4 の左上の Ser65，Tyr66，Gly67 は GFP を構
成するアミノ酸の，それぞれ 65 番目のアミノ酸のセリン，66 番目のチ
ロシン，67 番目のグリシンを表したものです。GFP は細胞の中で合成
されると，自発的に Gly67 の NH の N が Ser65 のカルボニル基の炭素
と結合を形成する反応が進み，最終的に発色団が形成されます。発色団
は通常のアミノ酸よりも長い共役系を持ち，長波長（395 nm）の光を
吸収できます（図 11 - 4）。

　1990 年代になりチャルフィー（Martin Chalfi）とチェン（Roger
Yonchien Tsien）らは，一般の遺伝子に（当然，それに基づいて生成
するタンパク質は光りません），GFP のアミノ酸配列の情報をもつ GFP
遺伝子を遺伝子組み換え技術により連結することを思いつきました。研
究したい遺伝子に GFP 遺伝子を連結させることで，その遺伝子から発

---

7 ）変異を導入したタンパク質は変異型と呼ばれ，それに対して本来のままのタン
　パク質を野生型と呼びます。

164

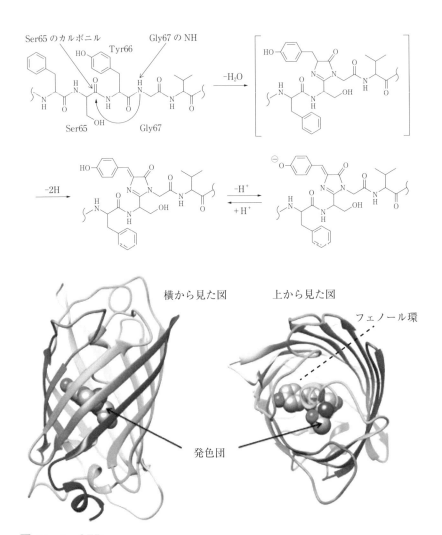

図 11 - 4　GFP

（上）GFP の発色団の形成，各アミノ酸の番号は翻訳が開始されるメチオニンを 1 番目とする。（下）GFP の立体構造（リボン図）。発色団はモデルで示す。上から見た図では Tyr66 由来のフェノール環が見える。水素原子は省略されている。

現するタンパク質とGFPが連結されて生成されます。これを蛍光顕微鏡で観察すれば，目的の遺伝子が，いつどこで働いてタンパク質がつくられるのかという時間的，空間的な情報を得ることができるわけです。

3. 遺伝子組み換え作物

（1）はじめに

　品種改良は，優良な品種どうしを掛け合わせて（交配），得られた品種から，さらに優良なものを選ぶ（選抜）ことによって行われてきました。この伝統的な方法は「育種」とよばれています。40年程前からは，この育種を人工的に加速するために，放射線照射，重イオン粒子線照射，変異原性薬品などの処理によって，植物の胚の染色体に変異を導入したものを多数作成し，そこから有用な形質を持つ個体を選抜する作業を重ねる手法も用いられています。これは，根本的には従来の育種の延長といえる手法です。この方法では，ランダムに遺伝子に変異が入るので，選抜の作業が重要になります。また狙った遺伝子以外に変異が入ることも避けられません。

　そこで，遺伝子組み換え技術を使うことで，狙って有用な遺伝子を導入することで，腐りにくい，あるいは除草剤耐性，害虫抵抗性などの性質をもった**遺伝子組み換え作物**が作られるようになり，20年ほど前から実用化されています。遺伝子組み換えには，パーティクル・ガン法と呼ばれる，金粒子にDNAを付着させて細胞に打ち込む方法，ベクターとして植物細胞に感染するウイルスを用いるアグロバクテリウム法があります。

（2）長持ちするトマト

　初めて市場に登場した遺伝子組み換え作物は，トマト"Flavr Savr

(フレーバーセーバー)" です。細胞壁等に含まれ細胞の骨格を形成する
ペクチンは，酵素ポリガラクツロナーゼによって分解されていきます
が，この酵素が作られないようにしたこのトマトは，他のトマトと比較
して，熟しても果皮や果肉が柔らかくなりにくいという特徴を持ちま
す。

（3）色の悪くなりにくいリンゴ

　リンゴの果実を切断すると，切断面が褐色に変化します。これは細胞
の液胞中のポリフェノール[8]が，酵素ポリフェノールオキシダーゼ
（PPO：polyphenol oxidase）によって酸化され，分子中のπ電子共役
系が伸び可視光まで吸収することが原因です（4，5章）。そこで，リン
ゴのPPOの遺伝子の働きを抑え，PPO活性が抑制されたリンゴが開発
されました。リンゴの品種Golden DeliciousとGranny Smithで実用化
され，Artic appleの商標で2015年にアメリカの食品医薬品局（Food
and Drug Administration，FDA）によって認可されています。

（4）ラウンドアップと遺伝子組み換え作物

　除草剤で有名なグリホサート（商品名ラウンドアップ）は，植物がも
つ代謝経路であるシキミ酸経路の酵素を阻害します。したがって非選択
性で，農作物も雑草も無差別に枯らしてしまいます。そこで遺伝子操作
によりラウンドアップに耐性を有するダイズ，トウモロコシ，ナタネ，
ワタ，テンサイ，アルファルファ等が開発されました。

（5）光と影，その影とは

　一方でラウンドアップの過剰な散布により，世界中で少なくとも300
種類以上の雑草がラウンドアップに耐性を持つように進化しており，こ

8）5章参照。

の耐性雑草の広がりによっては，今後ラウンドアップよりもさらに強い毒性を持つ除草剤が必要となるのではないか，という研究報告もあります。

　遺伝子組み換え作物が実用化されてからすでに20年以上が経ち，国際的に流通する作物であるトウモロコシ，ナタネ，ダイズ，ワタなどの作物では，世界中で遺伝子組み換え作物の作付面積が増加を続けています。2020年現在，日本は多くの遺伝子組み換え作物を輸入していますが，日本国内では食用の遺伝子組み換え作物の商業栽培は行われていません。遺伝子組み換え作物は新しい技術で作られた生物であるため，作成された品種ごとに栽培に際して環境への安全性と食用としての安全性が各国で審査され，認可されたものだけが食品として流通しています。

4．改変されるヒト：ゲノム編集

（1）はじめに

　先天的に遺伝子に異常がある患者の治療のため，治療用の遺伝子情報を組み込んだDNA等を導入する試みは，遺伝子治療と呼ばれています。ヒト細胞に感染するウイルス等をベクターとし，異常な遺伝子を持つ細胞内に，正常な遺伝子を導入する手法がとられていますが，成功例は多くありません。

　ところが，「狙った遺伝子」を自由に「書き換える」ことが試みられるようになりました。この**ゲノム編集**（genome editing）と呼ばれる方法では，様々な人工DNA切断システムを利用して正確に遺伝子を改変します。今まで，狙って改変ができなかった一般の培養細胞株や生物種において，遺伝子破壊（ノックアウト）や遺伝子導入（ノックイン）が可能であることから，基礎から応用まで幅広い分野での利用が期待されています。人工DNA切断システムとして，いろいろな手法が提案され

ていましたが，2012年にシャルパンティエ（Emmanuelle Charpentier）
とダウドナ（Jennifer Anne Doudna）ら（両者とも2020年のノーベル
化学賞を受賞）が，Cas9と呼ばれる酵素を，ゲノム編集へ活用するこ
とを提案し，Cas9が非常に簡便利用できることから，急速に一般の細
胞へゲノム編集の適用が広がっています。

（2）CRISPR-Cas9

　CRISPR-Cas9と呼ばれるシステムは，細菌がウイルスに対抗する，
いわば細菌の獲得免疫の機構で，ごく最近発見されました。CRISPR[9]
とは細菌がもっているDNAの1つで，この配列には過去に感染したウ
イルスの情報があります。Cas[10]は，CRISPRに関連する遺伝子群であ
り，そこからCas9などの酵素が作られます。Cas9は，新たに感染した
ウイルスのDNAの配列と，CRISPRから転写されたRNA（すなわち
過去に感染したウイルスの配列）が一致するとき，ウイルスのDNAを
切断します。これにより細菌は，一度感染したことのあるウイルスに対
して効率よく抵抗性を示すことができます。
　ゲノム編集としてCas9を利用する際には，CRISPR由来のRNAの
代わりに編集したいDNAと相補的なRNA（ガイドRNAと呼ぶ）と，
Cas9を細胞に導入します。このガイドRNAとCas9は複合体を形成
し，ガイドRNAが標的配列をみつける（すなわち，塩基対[11]を形成
する）と（図11-5①），Cas9がDNA二重鎖を切断します（同①）。
CRISPR-Cas9によって二重鎖切断が導入されると，通常どおり細胞内
の修復酵素によって修復が試みられますが，Cas9が過剰に存在してい
るため（導入されているため），繰り返し二重鎖が切断され，やがて修
復エラーが起こります（同②）。エラーでは，遺伝子のDNA配列の欠
失や誤った挿入などが起こり，遺伝子が破壊（ノックアウト）されます

9）Clustered Regularly Interspaced Short Palindromic Repeat の略。
10）CRISPR-associated の略。
11）ワトソン・クリック型の通常の水素結合パターンによる塩基対です。

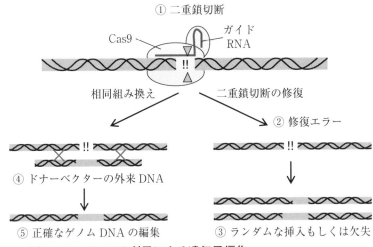

図 11 - 5　Cas9 の利用による遺伝子編集
!! は DNA の二重鎖切断を，△はその場所を示す。

（同③）。また，外来の目的の遺伝子をもったベクター（ドナーベクター）
を一緒に導入すると，細胞が本来もっている機能である相同組み換えと
呼ばれる機構によって，切断部分に外来の遺伝子が挿入され（同④），
遺伝子の導入（ノックイン）や置換を行うことが可能です（同⑤）。

（3）ヒトでの改変

　CRISPR-Cas9 の開発によって，これまで遺伝子改変ができなかった
通常の培養細胞，動物や植物での遺伝子ノックアウトや遺伝子ノックイ
ンが可能となりました。動物個体でのゲノム編集は，受精卵のゲノム編
集によって行われます。2014 年，中華人民共和国において CRISPR-
Cas9 による世界初のヒト受精卵の遺伝子操作が行われました。この実
験で使われたのは不妊治療目的の体外受精において，2 つの精子が受精し
た異常な受精卵で，元々廃棄されるものでありましたが，その報告では，

狙った遺伝子を思い通りに書きかえられたのは86個中4個のみでした。

5. まとめ

　半世紀ほど前までは，生命に影響を及ぼす物質や技術である，医薬品や品種改良は，言わば自然の枠組みのなかで，天然物や生命の仕組みを有効利用することを中心に行っていました。しかし，近年では，人類が，まったく新たな薬をデザインし，また，意図して改変した植物を作り，意図して遺伝子情報を書き換えたヒトまで誕生させています。今までSF小説や映画の世界で起こっていたことが，現実となりつつあります。その功罪を科学の観点から注意深く見つめていく必要があるでしょう。化学にしびれたら，ちょっとクールな思索もお忘れなく。

練習問題と課題

問題1　デザインされた薬剤を2つ挙げ，それぞれどんなタンパク質に結合するようにデザインされているか答えなさい。

問題2　遺伝子組み換え作物は，従来の品種改良（育種）と比べて，どこが異なるか答えなさい。

問題3　ゲノム編集によるヒトの遺伝子の改変は，従来の遺伝子治療の試みと比べて，どこが異なるのか答えなさい。

12 微粒子の化学：表面・界面の化学

藤野竜也

《**目標＆ポイント**》 表面・界面に関係する化学物質を理解し，私たちの生活とのかかわりを学習します。
《**キーワード**》 界面活性剤，ミセル，陰イオン界面活性剤，光触媒，ナノ粒子，量子ドット，表面プラズモン

1. 界面活性剤の性質と構造

　２つの物質間で形成される面を界面と言います。一般的に２つの物質が気体と固体の場合に固体表面（または単に表面）と呼び，水と油のような液体と液体，液体と固体，または液体と気体の場合に界面と分けて呼ぶ場合があります。表面や界面は気体のみ，液体のみ，または固体のみでは起こりえない複雑な反応を起こす「反応場」として働きます。

　液体の界面に働いて，液体を内部に引っ張り込もうとする力のことを表面張力と言います。水を例に挙げると，水中の水分子は四方からの水素結合によって引っ張られています。つまり水中で安定に存在できますが，界面の水分子はそうはいきません。一方を空気に接しているため，水素結合により受ける引力が小さくなります。表面積が大きいほど不安定な水分子の数が増えてしまいますので，界面付近の水分子はできるだけ表面積を小さくする，つまり丸まった球形を作ろうとします。この力のことを**表面張力**と呼びます。水などの溶媒にステアリン酸ナトリウム（$CH_3(CH_2)_{16}COONa$）などの**界面活性剤**が溶けると，素早く界面に広が

ります。このため溶媒が持つ表面張力を低下させる，球形になろうとする力を低下させる性質を持っています。

　では界面活性剤はどのような構造を持っているのでしょうか。界面活性剤の分子は図12-1に示したように水分子との間に親和性を持つ官能基（親水基）を持つ頭（head）と水分子との間に親和性を持たない官能基（疎水基）を持つ尾（tail）から成ります。界面活性剤が水に溶けた場合，親水基を水側に，疎水基を空気側に向けて水面に並びます。界面活性剤の濃度が増えていくと界面の水分子は他の水分子と水素結合を形成することができず，界面活性剤との間に比較的弱い分子間結合を形成していきます。これにより表面張力[1]が低下していきます。界面活性剤が水面をすべて占有してしまうと，それ以上の界面活性剤は界面に存在することができず，表面張力は最小値を取り一定の値になります。界面に存在できない界面活性剤は水中に潜りこみ，親水基を水側に向けた球状の会合体である**ミセル**を形成します。このときの濃度を**臨界ミセル濃度**と呼びます。このミセルは親水基を外側（水側）に，疎水基を内側

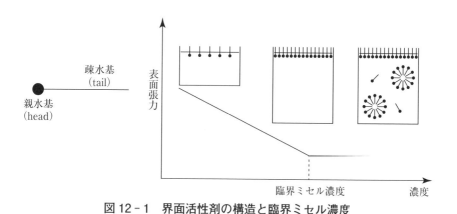

図12-1　界面活性剤の構造と臨界ミセル濃度

---

1) 純水の表面張力の値は，およそ$72\,\mathrm{mNm^{-1}}$。

にして会合しているため，内側に油など疎水基と親和性の高い成分を取り込むことができるようになります。界面活性剤が持つこのような能力を，**可溶化力**と呼びます。一般に油は水に不溶であるため，水中の油は凝集して存在します。しかし界面活性剤が油の表面に吸着[2]すると油の表面張力が小さくなるため水中に分散しやすくなります。例えば牛乳では，たんぱく質が界面活性剤の役割をすることで，ミセル中に閉じ込められた油の微粒子が水中に分散しています。このような現象を**乳化**と呼びます。水中（water）に油（oil）が分散しているため，このようなミセルを Oil in Water 型（O/W 型）と呼びます。一方，マーガリンやバター，生クリームなどでは油中に水が分散しています。つまり界面活性剤が外側（油側）に疎水基を向け，内側に親水基を向けて**逆ミセル**を形成しています。このようなミセルを Water in Oil 型（W/O 型）と呼びます。

2. 界面活性剤の種類

　界面活性剤は親水基の種類によって，図 12 - 2 のように分類されています。

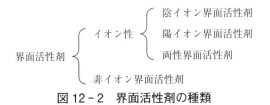

図 12 - 2　界面活性剤の種類

（1）陰イオン界面活性剤

　アルキル基を R として表した場合，$RCOO^-$ や RSO_3^- といった陰イオ

2）表面からの引力により分子が留まる現象。分子間力や弱い双極子相互作用による物理吸着と，化学結合を形成する化学吸着があります。

174

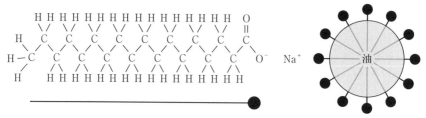

図12-3　ステアリン酸ナトリウムの構造

ン（アニオン）が表面張力を低下させる分子を**陰イオン性界面活性剤**
（アニオン界面活性剤）と呼びます。代表的なものは我々が日常的に使
う石鹸で，ステアリン酸など脂肪酸のナトリウム塩です
（$CH_3(CH_2)_{16}COONa$）。水に溶けてイオンになったときの構造が
図12-3です。長いアルキル鎖部分による疎水基と，カルボキシ基
（$-COO^-$）[3]による親水基により構成されます。繊維に付着した油汚れ
に界面活性剤が近付くと，油と親和性の高い疎水基が相互作用します。
複数の界面活性剤が油の表面を取り囲み，ミセル中に取り込む。結果的
に汚れを水中に取り除いていきます。
　ところで飲み水にはカルシウムイオン（Ca^{2+}），マグネシウムイオン
（Mg^{2+}），鉄イオン（Fe^{2+}）といった金属イオンが含まれています。こ
のようなミネラル分を多く含む水を**硬水**，少ない水を**軟水**と呼びます。
日本国内の水は主に軟水ですが，温泉には鉱物から溶け出した多くの金
属イオンが含まれており硬水です。欧州の水は主に硬水です。金属イオ
ンは界面活性剤の陰イオン部分に結合し，不溶性の塩を作ります。洗面
所や洗面器に付着する石鹸垢がこの不溶性の塩に相当します。硬水中で
石鹸を使うと界面活性剤が油を取り囲む能力を発揮でき無くなってしま
い，石鹸としての機能が失われます。では硬水ではどのように汚れを落

3）カルボン酸塩の電離等により生じた，負電荷を持つカルボキシ基。

とせば良いのでしょうか。それは，カルボキシ基（－COO⁻）の部分を
スルホナト基（－SO₃⁻）に変えることで解決できます。スルホナト基
は金属イオンと結合しても不溶性の塩を作りにくいため，硬水中でも洗
浄作用を保った界面活性剤となります。代表的な例としては，直鎖アル
キルベンゼンスルホン酸ナトリウム（$RC_6H_4SO_3X$（R はアルキル基で
$C_{10}H_{21}$～$C_{14}H_{29}$，X は Na など））があります。これは洗浄力，起泡性，
浸透性に優れ，硬水中でも利用できる洗剤として，広く家庭用，工業用
に使われています。

（2）陽イオン界面活性剤

　図 12 - 4 のような構造を持つ塩を**陽イオン界面活性剤（カチオン界面
活性剤）**と呼んでいます。

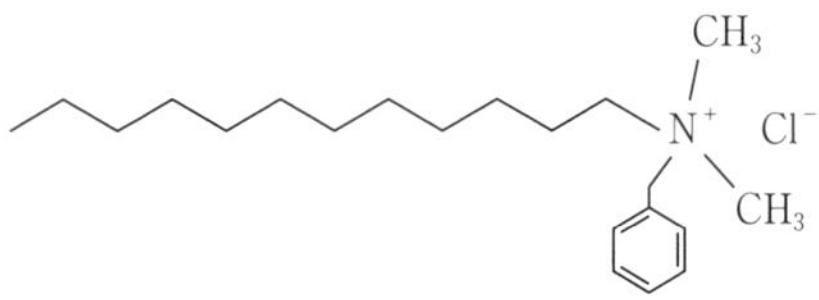

図 12 - 4　陽イオン界面活性剤の例（塩化ベンザルコニウム）

　陽イオン界面活性剤は一般に洗浄力が低いですが，殺菌・消毒剤とし
ての効果を持っています。細菌の表面である細胞膜・細胞壁は電気的に
負に帯電しています。このため陽イオン界面活性剤が存在すると，界面
活性剤の陽電荷付近に細胞膜が引き寄せられます。引き寄せられた反対
側の細胞膜が弱くなり，穴が開き，細菌内部の物質が漏れ出します。ま
たは引き寄せられた細胞膜が界面活性剤のアルキル鎖によって突き破ら
れ，結果として細菌が死滅します。

3. 光触媒

　表面・界面を利用して私たちの
生活の美と清潔に深く寄与してい
るものに**光触媒**があります。これ
は光のエネルギーを使う事で反応
を促進・抑制させる触媒作用をも
たらす物質を指します。例を挙げ
ると，大気汚染物質である NO_x
や SO_x（15章も参照）などを除
去し，アンモニアやたばこなどの

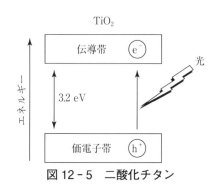

図12-5　二酸化チタン

臭いを脱臭する能力を持っています。水道水中のトリハロメタンといっ
た発がん性物質の除去，有機物である細菌を分解することによる抗菌，
さらには汚染防止といった優れた機能を持っています。光触媒には主に
金属酸化物である**半導体**が用いられ，二酸化チタン（TiO_2）が有名です。
半導体のバンドギャップを超えるエネルギーを持った光を吸収すること
で，価電子帯の電子が伝導帯に励起され反応が始まります。二酸化チタ
ンの場合，結晶構造の違いによってルチル型とアナターゼ型という2種
類が存在しますが，光触媒活性が高いとされるアナターゼ型のバンド
ギャップの値は $3.2\,eV$ [4]（5.12×10^{-19}J）となっています。ちなみにルチ
ル型のバンドギャップ値は $3.0\,eV$ です。1章でも学んだ光のエネルギー

(E) と波長 (λ) の関係を表す式 $\left(E = h\dfrac{c}{\lambda} \right)$ から，光励起するために

は波長 $380\,nm$ 以下の紫外光が必要であることが分かります。この紫外
光の吸収により価電子帯の電子が伝導帯へ移動し，電子が自由に動ける
ようになります。一方，価電子帯では電子が抜けた場所に正孔（ホール）

---

[4] eV はエレクトロンボルト。

が生じます。光励起により生じた
電子と正孔が二酸化チタン粒子の
表面まで移動し，そこで電子は還
元剤として働き近くの物質を還元
させる，また正孔は酸化剤として
働き近くの物質を酸化させる反応
を起こします。例えば正孔は二酸
化チタンの表面に吸着した水に存

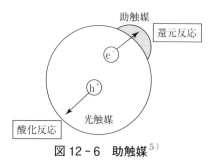

図 12 - 6　助触媒[5]

在する水酸化物イオン（OH^-）から電子を奪います。正孔は電子を得
ることによりここで消滅します。さて電子を奪われた方の水酸化物イオ
ンは非常に反応性の高いヒドロキシラジカル（OHラジカル）に変化し
ます。このOHラジカルは不対電子を持っているため，細菌などの有機
物から電子を奪い取って安定化しようとし，非常に強い酸化剤として働
きます。電子を奪われた細菌は不対電子の働きにより分子の化学結合が
分断され死滅していきます。結合の分断は止まらず最終的には水と二酸
化炭素にまで変化します。これが光触媒による殺菌効果の概要です。

　さて光励起で生じた電子と正孔が効率よく酸化還元反応に利用できれ
ば良いのですが，これらは簡単に再結合して消滅します。この消滅を防
ぐ工夫として**助触媒**と呼ばれる白金などの金属微粒子を光触媒に担持[6]
させる方法があります。助触媒を用いると，半導体は主に反応を開始さ
せるために必要な光エネルギーを捕集する働きを担い，実際に光触媒効
果をもたらすのは助触媒となります。

4. ナノ粒子

（1）ナノ粒子の性質
　表面・界面の性質が大きく作用するものとしてサイズがナノメートル

5）h^+は正孔（ホール）を，e^-は電子（エレクトロン）を表す。
6）ある触媒が他の物質の上に載っていること。

の材料である**ナノ粒子**[7]を考えます。ナノ粒子では結晶の表面に出ている原子の数が粒子を構成する原子の総数に対して多くなるため，固体の性質とは異なる性質を持つようになります。例えば粒子の直径が4nm程度の金ナノ粒子の場合，構成する原子の総数（N）はおよそ2000個程度ですが，表面に存在する原子の割合は原子の総数のおよそ30％にまでなります。粒子径が小さくなれば表面原子の割合はさらに大きくなります。3次元の全方向でサイズが数ナノメートルに収まった結晶では，電子や正孔といった電荷が小さい領域に閉じ込められることによって生じる性質（例えば吸収や発光スペクトルの変化など）が顕著になっていきます。このような粒子を特に**量子ドット**と呼ぶ場合があります。

　一般的な固体をバルク（$N=\infty$）と呼ぶことにしますが，バルクの中で電子は1つの原子内にとどまらず隣接した原子にまで広がり，原子軌道の重なりが生じます。その結果，エネルギーの幅を持った連続的なバンド構造（**エネルギーバンド**）を構成します。また$N=2$の分子では原子軌道同士の重なりにより結合性軌道（σ）と反結合性軌道（σ^*）と対応する2つのエネルギー準位ができます。ナノ粒子は丁度その中間的な存在であるので，構成する原子の数に応じた，離散的なエネルギー準位を持っています。

　ナノ粒子のサイズ（直径d）が小さくなればなるほど，電子や正孔といった電荷が狭い領域に閉じ込められます。量子力学

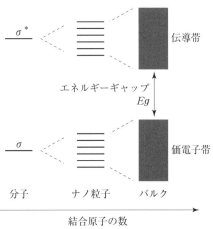

図12-7　結合原子数の違いによる電子エネルギー準位の変化

（図中のラベル: σ^*, σ, 伝導帯, 価電子帯, エネルギーギャップ Eg, 分子, ナノ粒子, バルク, 結合原子の数）

7）直径100nm以下の粒子と定義される。1nm $= 10^{-9}$m。

的な考察によると，この場合エネルギー準位の間隔が広がり，ゼロ点エ
ネルギー[8]の値（E_{well}）も大きくなります。またナノ粒子のサイズが小
さいため，結晶中に生じた電子と正孔間の静電気的な引力（E_{Coul}）も無
視できなくなります。結局，ナノ粒子（量子ドット）のエネルギーギャッ
プを $E_{g,dot}(d)$ とすると，

$$E_{g,dot}(d) = E_g(bulk) + E_{well} + E_{Coul} \tag{12.1}$$

と表すことができます。E_{well} は $1/d^2$ で変化する項です。電子と正孔が
小さい領域に閉じ込められることによるエネルギーであり，ナノ粒子の
直径 d がどのように変化しても正の値になり全体の値を押し上げます。
一方の E_{Coul} は $1/d$ で変化するクーロン引力であるので，E_{Coul} は負の値
になり全体の値を押し下げます。ナノ粒子の直径 d が小さいときには，
$1/d^2$ で変化する E_{well} の寄与，つまり**量子閉じ込め効果**による寄与が大
きくなります。$E_{g,dot}(d)$ の値が大きくなるということは，特に半導体ナ
ノ粒子の光吸収波長が高エネルギー側（短波長側）に移動することを意
味します。ちなみに，粒子の直径 d が大きくなればなるほど，E_{well} と
E_{Coul} の値はゼロに近付き，$E_{g,dot}(d) \approx E_g(bulk)$ となるため，バルクと
ほぼ等しい光吸収波長を示します。

（2）コロイド状ナノ粒子の光特性

　ナノ粒子が溶液中に分散している状態（コロイド[9]）のものをコロイ
ド状ナノ粒子と呼びます。前節で示したようにナノ粒子で最も際立つ特
徴は，エネルギーギャップの値がバルクに比べて大きくなることです。
半導体の場合，価電子帯には電子が埋まっており，伝導帯には電子が埋
まっていないため，ナノ粒子のサイズに応じて吸収波長が変化します。
光吸収の波長が変化すれば発光の波長も当然変化するため，コロイド状

8）量子力学的な系において，基底状態で持つエネルギーのこと。
9）牛乳のように粒子が溶液全体にほぼ均一に分散している状態。

半導体ナノ粒子は粒径に応じた発光特性を示すようになります。

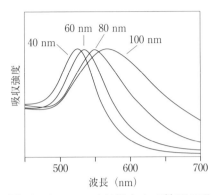

図12-8 コロイド状金ナノ粒子の吸収スペクトル
表中の数値は粒子径を表す

半導体だけでなく，金属のコロイド状ナノ粒子にも似たような吸収スペクトルを示すものがあります。しかし金属ですので，半導体のようにバンドギャップ間の遷移に伴う光吸収ではありません。金属が持つ電子の集団を「気体」のように考えた場合（電子ガスと言います），この気体が集団的に動く場合があります。電子ガスの集団運動が励起されることを**表面プラズモン**と呼んでいます。コロイド状金属ナノ粒子の吸収ピーク位置は表面プラズモンを誘起させることができる光の波長に対応しています。図12-8にいくつかの粒子径を持ったコロイド状金ナノ粒子の吸収スペクトルを示しましたが，500 nm から 600 nm 付近に表面プラズモンによる吸収ピーク[10]が確認できます。粒子径の違いにより表面プラズモン吸収の波長が異なることが分かります。

練習問題と課題

問題1　洗剤がどのようにして油汚れを取り除くか説明しなさい。

問題2　光触媒における助触媒の働きを説明しなさい。

問題3　半導体ナノ粒子の光吸収エネルギーがバルクとは異なる理由を説明しなさい。

---

10) 金コロイド溶液に光を照射した際の透過率を T とすると，縦軸は $-\log_{10} T$。図では各粒子径の金コロイド溶液が示す吸収波長の違いを明確にするため，吸収極大値をそろえて表示しています。

13 | 物質を測る：分析化学

藤野竜也

《**目標＆ポイント**》 分析化学で用いられる物質の主な分離方法と測定方法について学習します。

《**キーワード**》 向流分配法，クロマトグラフィー，化学発光，質量分析法，赤外分光装置，核磁気共鳴分光法，化学シフト

---

1. 分離

（1） 向流分配法

　我々の生活と化学物質の関係を理解してより良い社会を実現するためには，物質を分離して同定する（定性分析），さらにはどのくらい含まれているのかといった定量（定量分析）が欠かせません。このような分野は分析化学と言われています。まず試料の採取（サンプリング）から行い，試料から成分を分離し，最後に測定を行います。中和，酸化・還元，キレート滴定といった滴定法や，ルツボ内の物質を灰化させて重量を測定する重量分析などは化学的な測定法であり，近年開発が進んだ分析機器を用いる物理的な測定法も用いられます。この「採取」「分離」「測定」の各方法について現在も新しい理論や技術の開発が盛んに行われています。まず，「分離」について考えていきましょう。

　水と油のように互いに混ざり合わない2種類の液体に，ある1種類の物質 (i) がわずかに溶けている場合，この物質をどのように分離すれば良いでしょうか。まず2つの液体に溶けている物質の濃度（$[i]^{\star}$,

$[i]^{油}$）の比を K_D と置いて，これを**分配係数**と
呼びます。

$$K_D = \frac{[i]^{油}}{[i]^{水}} \tag{13.1}$$

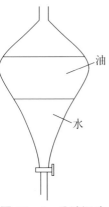

　例として，分配係数が 1 の溶質 1 g を分液漏
斗に入れ，体積の等しい水相，有機相とともに
平衡まで振り混ぜると，有機相に 0.5 g，水相
に 0.5 g の溶質が存在することになります。こ
の分配係数は単一の化学種の分配を表すもので
すが，化学種に関係なく溶質が全体としてどち

図 13-1　分液漏斗

らの相に多く存在するかを示すには次の**分配比** D が用いられます。

$$D = \frac{\text{有機相中溶質 A の全濃度}}{\text{水相中溶質 A の全濃度}} \tag{13.2}$$

　例えば溶質 A が A_1，A_2，A_3 ··· という化学種で存在する場合は，

$$D = \frac{[A_1]^{油} + [A_2]^{油} + [A_3]^{油} \cdots}{[A_1]^{水} + [A_2]^{水} + [A_3]^{水} \cdots} \tag{13.3}$$

と表されます。ここで $[A_i]^{水}$ や $[A_i]^{油}$ は，化学種 A_i の水相または有機
相での濃度を表します。

　このとき，ある化学種 A_i は，分配係数

$$K = \frac{[A_i]^{油}}{[A_i]^{水}} \tag{13.4}$$

に従います。

向流分配法は，
分配比の値が接
近している物質
の分別抽出に有
効な方法です。
表 13-1 の分液
漏斗 0 という項
を縦に見てみま
す。はじめに溶
質と水相，有機
相を入れて分液
漏斗を振り混ぜ
ます（①）。平衡
に達すると物質

表 13-1　向流分配法

分液漏斗 0	分液漏斗 1	分液漏斗 2, 3, $\cdots$, n
溶質を入れ平衡ま で振り混ぜる ①		
有機相を取り出し 漏斗 1 へ移す ②	新しい水相と， 移ってきた有機相 とともに平衡まで 振り混ぜる	
新しい有機相を加 え，平衡まで振り 混ぜる ③	有機相を取り出し 漏斗 2 へ移す	新しい水相と， 移ってきた有機相 とともに平衡まで 振り混ぜる
有機相を取り出し 漏斗 1 へ移す ④	移ってきた有機相 と残った水相を平 衡まで振り混ぜる	有機相を取り出し 漏斗 3 へ移す
上記を繰り返す	有機相を取り出し 漏斗 2 へ移す	移ってきた有機相 と残った水相を平 衡まで振り混ぜる

が持つ分配比によって水相と有機相中の溶質の量が決まります。このと
き有機相だけを分液漏斗 1 に移し替えます（②）。有機相を移した分液
漏斗 0 には新しい（溶質を含まない）有機相を加え，再び平衡まで漏斗
を振り混ぜます（③）。直前の操作で有機相に移った溶質を分液漏斗 1
に移します（④）。この操作を分液漏斗 0 や 1 だけでなく，数多くの分
液漏斗を用意して行っていきます。この様な操作をくり返すことで異な
る分配比 D をもつ溶質を分離することができます。

（2）クロマトグラフィー

　クロマトグラフィーとは，管（カラム）の中に詰まった「固定相」と，
その中を決まった方向に移動する「移動相」の組み合わせで物質を分離
する手法です。その基本原理は前項で説明した向流分配法であり，カラ

表 13-2　クロマトグラフィーの分類

	移動相	固定相	名　称
ガスクロマトグラフィー	気体	液体	気液 (分配) クロマトグラフィー
		固体	気固 (吸着) クロマトグラフィー
液体クロマトグラフィー	液体	液体	液液分配クロマトグラフィー
		固体	液固吸着クロマトグラフィー

ムの上から下に向かって仮想的に分液漏斗が並んでいるとして，固定相の各位置で次々と分配が行われていると考えます。その時に重要な事として，固定相の各位置において必ず固定相と移動相の平衡が成り立っていることが必要です。またクロマトグラフィーは移動相が気体か液体かによって大きく分類され，それぞれガスクロマトグラフィー，液体クロマトグラフィーと呼ばれています。

2. 測定

（1）光を使った測定

　光を使った測定の例として，犯罪捜査において血液の有無を判定する**ルミノール反応**を紹介します。比較的新しい血痕の色は鮮やかな赤色をしていますが，時間と共に変色していきます。そのため犯行現場で見つかったシミが実際の血痕なのかどうかを確かめるためにこのルミノール反応が用いられています。

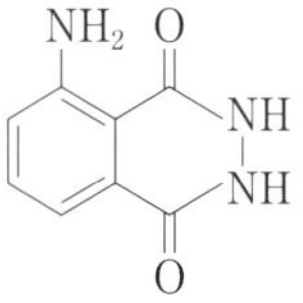

図 13-2　ルミノール

　ルミノールは IUPAC 名[1] の 5- アミノ -2,3- ジヒドロ -1,4- フタラジンジオン，慣用名で 3- アミノフタルヒドラジドと呼ばれ，図 13-2 のような構造を持っています。白色の固体であり，塩基性溶液中で過酸化

---

1 ）国際純正応用化学連合；International Union of Pure and Applied Chemistry の略。

水素（H_2O_2），オゾン（O_3）などと反応して酸化され，光を発する分子に変化します。反応したルミノールは波長 425 nm 付近の青紫色の光を放ちます。このためルミノールをまず塩基性の水酸化ナトリウム水溶液に溶かします。ルミノールが光を発する分子に変化するためには，フリーラジカル種と呼ばれる非常に反応性の高い分子に酸化されることが必要となります。一般的な方法としては過酸化水素の分解によって生じる強力な酸化剤（スーパーオキシドアニオン O_2^-）を用いますが，この分解反応には，鉄や銅といった触媒が必要です。ところで血液中のヘモグロビンにはヘム鉄と呼ばれる鉄原子を持つ物質が存在します。従ってこのヘム鉄が触媒となることで，過酸化水素から O_2^- が生成され，ルミノールが図 13 - 3 に示す化学反応を起こします。反応で生じた分子はエネルギーが高い**電子励起状態**にあって，これが安定な**電子基底状態**へと変化する際に青紫色の光を放出します。つまり青紫色の発光を観測することで血痕の有無を判定できるわけです。

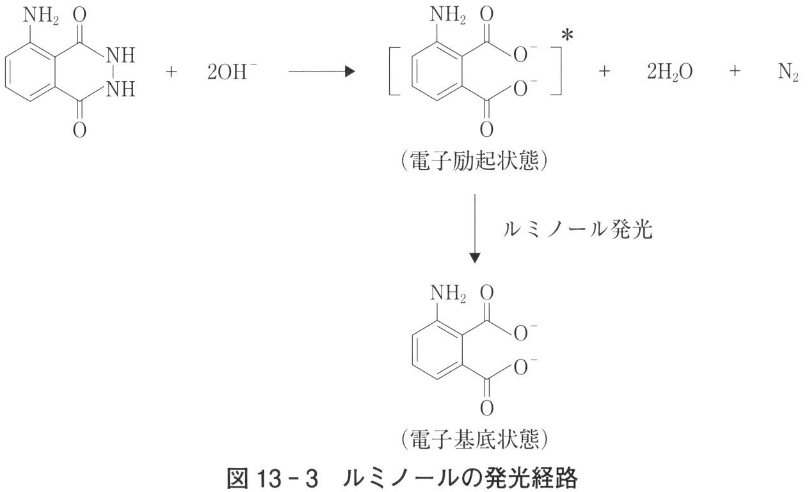

図 13 - 3　ルミノールの発光経路

（2）化学発光

　ルミノール反応のように化学反応によって光が放出される現象を**化学発光**と呼びます。上の反応では過酸化水素が血の中に含まれるヘム鉄と反応し，強力な酸化剤が放出され，それによってルミノールが化学発光を起こす分子構造へと化学反応を起こしています。過酸化水素を分解させる物質は鉄の他に銅やコバルトなどを含む物質も触媒となり得るため，ルミノール発光＝血痕とはならないので注意が必要となります。

　化学発光の中で我々に馴染みの深い現象をもう1つ挙げておくと，それは蛍の発光があります。蛍の光はホタルルシフェリンと呼ばれる分子が関与していることが分かっています。ホタルルシフェリンが光を発するにはルミノールの場合と同様に，ホタルルシフェリンが酸化されることが必要となりますが，それを担うのがホタルルシフェラーゼと呼ばれる酵素です。つまりホタルルシフェラーゼによって酸化され電子励起状態になったホタルルシフェリンが電子基底状態へ遷移する際に発する光がいわゆる蛍の光ということになります。

（3）微量分析に用いられる質量分析法

　さて前節のルミノール発光は目視でも確認できる光ですが，微量な物質の同定はどのように行うのでしょうか。昨今，禁止薬物の使用などが社会問題化していますが，使用の証拠を得るためには尿や血液中に放出された禁止薬物，そしてその代謝物を確認する方法が一般に使われます。その際に用いられるのが**質量分析法**と呼ばれる手法で，物質の質量（重さ）を測定する手法です。一般にガスクロマトグラフィーや液体クロマトグラフィーと連結して分離できた目的分子を質量分析法によって測定します。質量分析では測定する分子に電子を当てる，高速のキセノ

ンを当てる，放電，
レーザー光の照射な
どといった方法に
よって分子をイオン
にします。このイオ
ンを電気的に測定す
るため，原理的には
イオン（目的分子の
イオン）一個から測
定が可能です。この
ため光吸収や発光に
比べて極めて低濃度
の測定まで可能となります。

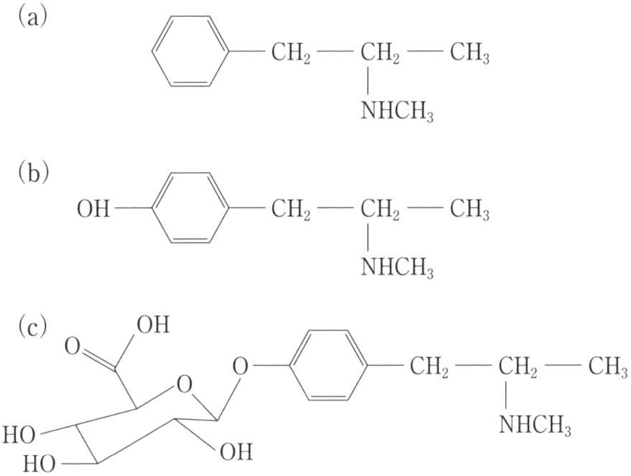

図13-4　(a) メタンフェタミン，(b) パラヒドロキシ体，(c) グルクロン酸抱合体

　薬物を含んだ尿や血液試料はそのまま質量分析系に導入されるわけではなく，一度前処理と呼ぶ化学的処理を施し，分析にかけられるのが一般的です。薬物は肝臓において代謝され，代謝物に変化します。禁止薬物の1つである覚せい剤（メタンフェタミン）を例にとると，およそ14～16％がパラヒドロキシ体に変化し，2～3％がアンフェタミンへ変化します。他の代謝物としてはノレフェドリン，安息香酸，フェニルアセトンなどがあります。一方，18～27％のメタンフェタミンが代謝されずに体外へ放出されます。薬物とその代謝物は体内を血液にのって巡りやすくするために，糖と結合する場合があります。例えばパラヒドロキシ体が代謝によって生成した後，グルクロン酸[2]により抱合を受けて，グルクロン酸抱合体として存在します。分析を行う上では，このグルクロン酸抱合体が面倒となってきます。

　尿中の薬物濃度は極めて低いので，まずは煮詰めて濃縮します。その

2）グルコースの骨格構造とカルボン酸を持つ糖。

後，尿中の夾雑物を取り除くために水と有機溶媒を用いた抽出が行われますが，このグルクロン酸抱合体は水相，有機相のどちらにも親和性があるため両相に溶けてしまいます。このため尿中のグルクロン酸抱合体に酵素を用いることで，グルクロン酸と薬物の結合を切る必要があります。この切断にはおよそ1日かかります。グルクロン酸が切り離された薬物は主に有機相に抽出され，濃縮された薬物を質量分析法により同定していきます。

（4）分子振動の測定

　分子がどのような形をしているのか，どのような官能基を持っているのかといった情報を知るために分子振動スペクトルを測定します。分子は赤外領域の光を吸収して，振動状態が励起されます。分子振動は赤外光領域に吸収を示し，特定の原子団は決まった赤外領域に吸収を示すため，官能基を特定しやすい特徴を持っています。赤外吸収には**赤外吸収分光装置**が用いられます。図13-5には真空中で測定したシリカ（SiOH）の赤外吸収スペクトルを示しました。波数[3] 3750 cm^{-1}付近にヒドロキシ基（OH基）の伸縮振動によるピークが観測されるため，シリカはOH基を持っていることが分かります。

　赤外分光法を用いた測定の実用的な例として呼気中のアルコール濃度検査について紹介します。肺深部の空気は肺

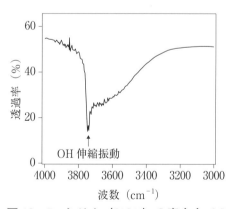

図13-5　シリカ（SiOH）の真空中での赤外吸収スペクトル

3）単位長さ中に含まれる波の数を波数という。波長の逆数で表される。

の毛細血管中の血液と平衡状態（気液平衡）にあるため，勢いよく吐き出した息を調べることで体内のアルコールを検出することができます。アルコールは波長 3.44 μm の赤外光吸収を用いて測定されますが，この吸収帯はアルコールに特異的では無く，息中のアセトンも同様の吸収を示します。被験者が糖尿病や絶食中の場合，体内の酸塩基平衡が酸性側に傾くことで（アシドーシス）アセトンによる干渉が起きる可能性があります。このためアルコールの吸収が弱い波長 3.37 μm でも同時に測定を行い，息中の補正アルコール濃度を計算します。ちなみに，道路交通法での酒気帯び運転の基準値となる呼気中アルコール濃度は 0.15 mgL^{-1}，血中濃度に換算すると 0.03％となっています。

　分子振動の情報は赤外吸収だけでなく，**ラマン散乱**と呼ばれる方法によっても得ることができます。ラマン散乱では可視光や紫外光，または近赤外光[4]を試料分子に照射することで，分子振動のエネルギー分だけ少なくなったまたは増えた光が試料から散乱される現象です。このため入射光エネルギーとの差を観測することで，分子振動の情報を得ることができます。ラマン散乱から得られる分子振動の情報は先の赤外吸収からは得られない場合がある，またはその逆といった関係があり，相補的な関係にある測定方法であると言えます。

（5）結合様式の測定

　水素原子の原子核であるプロトンは磁石の性質を持っています。この小さい磁石を磁場の中に入れるとコマの首振りのような運動（歳差運動）を起こします。この歳差運動の周期は決まっていて，この周期と同じ周期を持つ光（ラジオ波に相当）を入射すると吸収します。このようにある原子核に注目して，その周辺の環境を調べる，つまり結合様式を

4）波長がおよそ 0.7〜2.5 μm の電磁波で，赤色の可視光線に近い波長を持つ。

190

調べることができる測定方法を**核磁気共鳴分光法（NMR**[5]**）**と呼びます。

　原子核による吸収の振動数は外部磁場の強さ（磁束密度）B^0 だけでなく原子核に実際にかかる磁場の強さ B に依存しています。分子に磁場がかかった時，原子核を取り巻く電子の運動が引き起こされ，B^0 を打ち消す方向，つまり B^0 とは逆の方向に磁場 σB^0 を生じます。このためある原子核が感じる磁場の強さは置かれた環境により異なってきます。この比例定数 σ は遮蔽定数と呼ばれ，結局，原子核が実際感じる磁場は，$B = B^0 - \sigma B^0 = B^0(1 - \sigma)$ で与えられます。このため，原子核によって共鳴吸収が起きる振動数は外部磁場に比べて変化しており，その変化量つまり

$$\delta \,(\text{ppm}) = \frac{B^0 - B}{B^0} \times 10^6 \tag{13.5}$$

で与えられる量を測定すれば，原子核が置かれた環境の違い（遮蔽の度合い）を知ることができます。この δ (ppm) のことを**化学シフト（ケミカルシフト）**と呼んでいます[6]。この化学シフトの大きさは元素によって異なります。水素のように周囲の電子の数が少ないと遮蔽のための電子雲も薄いため，10〜20 ppm 程度の値となりますが，窒素では数百 ppm，コバルトでは 2 万 ppm（2 ％），タリウムでは 5 ％にも及びます。

　図 13 - 6 に環状構造を持ち，分子内部に他の分子を包接する能力がある β シクロデキストリン（βCD）の ^{1}H-NMR スペクトルを示しました。水素原子の原子核による吸収を観測する場合に ^{1}H-NMR と書きます。βCD は(c)に示した糖が 7 個環状に連結した構造を持ちます。括弧内の番号で示したように糖には環境の異なる水素原子が 6 種類あります。(3)

5）Nuclear Magnetic Resonance の略。
6）ppm 百万分率。Parts per million の頭文字。

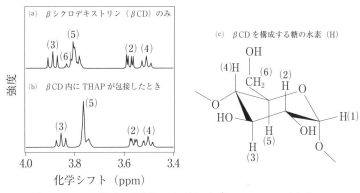

図 13-6 βシクロデキストリンの¹H-HMR スペクトル。
水素(1)の化学シフトは 5 ppm 付近にある。

と(5)は環状構造の内側を向いており，他の分子の包接に対して敏感に応答します。2,4,6-トリヒドロキシアセトフェノン（THAP）をβCD内に包接させたとき（図(b)），特に(5)で示した水素の化学シフトが大きく変化していることが分かります。

練習問題と課題

問題1　分配係数と分配比の違いを説明しなさい。

問題2　化学発光とはどのようなものであるか，電子励起状態，電子基底状態という語句を用いて説明しなさい。

問題3　質量分析法では試料分子をどのように測定するか説明しなさい。

14 │ 放射線の化学

│ 橋本健朗

《**目標＆ポイント**》　各種放射線の性質，放射線と物質との相互作用を理解し，放射線の医学への貢献を学びます。
《**キーワード**》　同位体，壊変，放射線，放射能，比放射能，Bq，半減期，eV，ブラッグ曲線，飛程，実効線量，等価線量，放射性トレーサー

1. 原子核

（1） 同位体

　ボーアの原子模型では水素原子の電子の周回半径は $0.53\,Å$（$53\,pm$，$1\,pm = 10^{-12}\,m$）で，量子力学で最も電子を見つけやすい半径とも一致します。多電子原子でも，原子の大きさは $10^{-10}\,m$ 程度です。一方，陽子の半径はおよそ $10^{-15}\,m$ です[1]。中性子の大きさも陽子とだいたい同じで，多電子原子も，ごく小さい原子核からはるか遠くに離れて電子が飛びまわる姿は変わりません。原子は隙間の多い構造をしています。

　陽子と中性子の質量はほぼ等しく，電子の質量のおよそ 2000 倍です。原子の質量のほとんどは原子核が担います。核子が狭い場所に集まっていられるのは，陽子と中性子，中性子と中性子の間に**強い力**と呼ばれる引力が働くからです。この力は，同じ距離では電気的な力よりおよそ 100 倍も強いのですが，到達距離は隣の核子くらいまでです。そのため大きな原子核で陽子間の電気的斥力に打ち勝って原子核の形を保つのには，多くの中性子が必要です。

---

1) 電子の大きさはわかっていませんが，$10^{-18}\,m$ より小さいとも言われています。

　核子に働く力のバランスがよい原子核は安定で，自発的には壊れません。安定な原子核を持つ原子を，**安定同位体**と言います。図 14-1 には横軸に陽子数，縦軸に中性子数をとり，安定同位体をプロットしました。ほとんどの元素は，安定同位体を持ちます。原子番号が 20 を超えると，中性子が陽子より多くなります。

　少しバランスが悪い原子核やエネルギーが高い原子核は，粒子や光を出すことでエネルギーを放射し，安定な原子核に変わります。この変化を**放射壊変**または**放射崩壊**と，変化する原子を**放射性同位体**と言います。放射性同位体だけ持つ元素を，**放射性元素**と呼びます。84 番のポロニウム $_{84}$Po 以降は重過ぎて，強い力で原子核を支えきれず不安定です。92 番のウラン $_{92}$U 以降（超ウラン元素）は，全て放射性です。重す

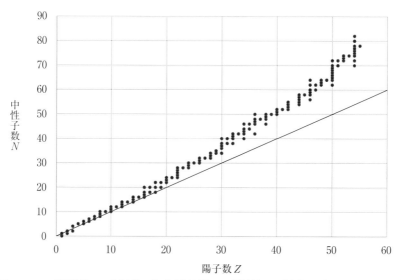

図 14-1　陽子数 Z（横軸）と中性子数 N（縦軸）に対する安定同位体のプロット。直線は N=Z の直線。

ぎではないものの原子核のバランスの悪いテクネチウム $_{43}$Tc とプロメ
チウム $_{61}$Pm も安定同位体がありません。

（2）放射性壊変

　原子核のバランスをよくする１つの方法は余計な核子を放出すること
です。実際に放射されるのは $_2^4$He の原子核（２つの陽子と２つの中性
子の塊）だけです。$_2^4$He の原子核を**α 粒子**，放出された α 粒子の流れ
を**α 線**，α 粒子を放出する現象を**α 壊変**と言います[2]。具体例の１つ
は，$_{92}^{238}$U からトリウム 234 $_{90}^{234}$Th への α 壊変です。

$$_{92}^{238}\text{U} \rightarrow {}_{90}^{234}\text{Th} + {}_2^4\text{He} \tag{14.1}$$

$_2^4$He を $_2^4\alpha$ と書くこともあります。式 (14.1) は，**核反応式**の例です。化
学反応式と違って矢印の左右で元素の種類とその数（元素記号とその前
の係数，(14.1) では全部１）は，同じではありません。しかし，質量
数の合計（238）と陽子数の合計（92）は同じです。
　２つ目の原子核のアンバランス解消法は，中性子を陽子に変えること
です。その際，電子（e）と反電子ニュートリノ（$\bar{v}_e$）が１つずつ放出
されます[3]。放出された電子を**β 粒子**，その流れを**β 線**，β 粒子を放
出する現象を**β 壊変**と言います。式で書くと，

$$\text{n} \rightarrow \text{p} + \text{e} + \bar{v}_e \tag{14.2}$$

です[4]。ニュートリノは素粒子の１つですが，詳細は他書に譲ります。

2）α 粒子を α 線，α 壊変を α 崩壊ということもあります。β，γ も同様です。
3）巻末の参考書参照。
4）安定な原子核の中の中性子は β 壊変しません。

本書の範囲では，中性子（n）は 1 個の陽子（p）と 1 個の電子（e）の合体物と見て差し支えありません。β 壊変で，陽子は原子核に残り，電子（β 粒子）は飛び出します。β 粒子は $_{-1}^{0}\beta$ とも書きます。左下の添え字 -1 は電荷を表し，左上の添え字 0 は質量が 0 同然という意味です。原子の β 壊変の例には，

$$_{1}^{3}\mathrm{H} \rightarrow {}_{2}^{3}\mathrm{He} + {}_{-1}^{0}\beta + \bar{\nu}_e \tag{14.3}$$

があります。β 壊変後に残る原子 $\left({}_{2}^{3}\mathrm{He}\right)$ の原子番号は前 $\left({}_{1}^{3}\mathrm{H}\right)$ より 1 つ増え（$1 \rightarrow 2$），質量数（3）は変わりません。

　陽子が電子を捕獲し中性子になることもあります。捕まるのは原子核の外の電子（核外電子）です。

　原子核も，励起状態になることがあります。光を出す壊変は，光（電磁波）としてエネルギーを放出する壊変です[5]。波長が短くエネルギーの高い γ 線が放出されます。この原子核の状態変化が，**γ 壊変**です。α 壊変や β 壊変直後の原子核は励起状態になっていることが多く，エネルギーを γ 線として出します。例えば，セシウム Cs-137 は

$$_{55}^{137}\mathrm{Cs} \rightarrow {}_{56}^{137}\mathrm{Ba} + {}_{-1}^{0}\beta + \gamma \tag{14.4}$$

と γ 線を出しながら β 壊変します。しばしば γ は式から省略されます。

　一般に**放射線**には α 線，β 線，γ 線のほか，X 線，中性子線も含まれます。γ 線は原子核が出す光[6]，X 線は電子が出す光です，電子などの荷電粒子の進行方向や速さが変わると，X 線が放出されます。方向や速

5）光は粒子の性質も持ち，それに注目するときは光子と言います。γ 線を光子の流れと見れば，粒子の放出とも言えます。
6）γ 線には素粒子の消滅に伴うものもあります。

さの変え方を調整して，欲しいエネルギー（波長）の X 線を作ることができます。一方，原子中の電子がエネルギーの高い状態から低い状態へ遷移する際に出る X 線の波長は元素ごとに決まっています。

2. 放射線

（1）放射能

放射性同位体を含む物質を，**放射性物質**と言います。放射性同位体や放射性物質が放射線を出す能力が**放射能**です。定義は 1 秒あたりの壊変の回数ですが，実際には 1 秒あたりの放射粒子の数で測られます。単位は Bq（ベクレル）で，周波数の Hz（ヘルツ，$1\,\mathrm{Hz}=1\,\mathrm{s}^{-1}$）と同じです。

単位質量当たりの放射能を**比放射能**と言い，単位は $\mathrm{Bq\,g}^{-1}$ です[7]。ポロニウム Po-210，Cs-137，トリチウム $^3_1\mathrm{H}$ の比放射能は，この順に 1.7×10^{14}，3.2×10^{12}，$3.6\times10^{14}\,\mathrm{Bq\,g}^{-1}$ です。福島第一原子力発電所の事故の際に注目された Cs-137 が 1 g あると，その放射能は 3.2 兆 Bq です。ロシア諜報機関のアレクサンドル・リトビネンコ氏が 2006 年，ロンドンで Po-210 をもられて亡くなりました。Po-210 の比放射能は Cs-137 より 2 桁上です。$^3_1\mathrm{H}$ の比放射能が高いのは，Po-210 より 70 倍も軽いからです。

（2）半減期

放射性同位体が放射線を出せば，崩壊前の状態の同位体は減ります。同じ種類の放射性同位体を大量に集めて，時間が経つにつれてどれだけの割合で残るかをグラフにすると，図 14−2 のようになります。元の同位体の半分になるまで経過時間を，**半減期**と言います。半減期は放射能が半分になる時間でもあります。表 14−1 にいくつかの放射性同位体の半減期を示しました。半減期は放射性同位体の種類によって決まり，圧

7）放射性物質が気体のときには，単位体積当たりの Bq/cc がよく使われます。

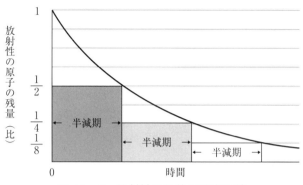

図 14 - 2　放射性同位体の壊変曲線

表 14 - 1　放射性同位体の半減期

放射性同位体		半減期
プルトニウム 239	^{239}Pu	2.411×10^4 年
ウラン 238	^{238}U	4.468×10^9 年
ウラン 235	^{235}U	7.04×10^8 年
トリウム 234	^{234}Th	24.10 日
クリプトン 91	^{91}Kr	8.6 秒
ポロニウム 210	^{210}Po	138.376 日
セシウム 137	^{137}Cs	30.08 年
トリチウム	^{3}H	12.32 年
テクネチウム 99*	^{99m}Tc	6.0067 時間
フッ素 18	^{18}F	109.771 分
酸素 15	^{15}O	122.24 秒
ストロンチウム 90	^{90}Sr	28.79 年
カリウム 40	^{40}K	1.248×10^9 年
ラジウム 226	^{226}Ra	1.600×10^3 年
ラドン 222	^{222}Rn	3.8235 日
ヨウ素 131	^{131}I	8.0252 日
炭素 14	^{14}C	5.70×10^3 年
炭素 11	^{11}C	20.36 分
コバルト 60	^{60}Co	5.2713 年
キセノン 133	^{133}Xe	5.2475 日

＊励起状態

力や温度などの環境，化学反応，また細菌のせいでは変わりません。こ
れらは，原子核よりはるかに大きな空間スケールで進む現象に関わり，
原子核には影響しないのです。

（3）放射線のエネルギー

原子，分子の世界ではエネルギーの単位に eV をよく使います。電荷
量 Q（ C^（クーロン））を持つ物体が電位差 V（ V^（ボルト））で加速されると QV のエネ
ルギー（ J^（ジュール））を得ます。符号を除いた電子 1 個の電荷量は $e \approx 1.6 \times 10^{-19}$ C なので，$1\,\mathrm{eV} = e(\mathrm{C}) \times 1\,(\mathrm{V}) \approx 1.6 \times 10^{-19}\,\mathrm{J}$ です。

$^{210}_{84}$Po から鉛 $^{206}_{82}$Pb への α 壊変

$$^{210}_{84}\mathrm{Po} \rightarrow\, ^{206}_{82}\mathrm{Pb} + ^{4}_{2}\alpha \tag{14.5}$$

で発生するエネルギーは，左辺 $\left(^{210}_{84}\mathrm{Po}\right)$ と右辺 $\left(^{206}_{82}\mathrm{Pb} + ^{4}_{2}\alpha\right)$ の質量差
m から，エネルギー保存則とアインシュタインの式 $E = mc^2$ で求まり（c
は光速），$5.4\,\mathrm{MeV}$（$1\,\mathrm{MeV} = 10^6\,\mathrm{eV}$）です。これが，Pb に $0.1\,\mathrm{MeV}$，
α 粒子に $5.3\,\mathrm{MeV}$ 分配されます[8]。β 壊変では，壊変後の原子核，電子，
反電子ニュートリノの 3 つに分かれるので複雑ですが，飛び出す β 粒子
のエネルギーの最大値は，$^{137}_{55}$Cs で $510\,\mathrm{keV}$，$^{3}_{1}$H で $19\,\mathrm{keV}$ です。式
（14.4）の $^{137}_{55}$Cs の β 壊変で出来る $^{137}_{56}$Ba から放出される γ 線のエネルギー
は $660\,\mathrm{keV}$ です。原子核のエネルギーもとびとびで，放射性同位体ご
とに決まったエネルギーの γ 線を放出します。

放射性同位体は少量でも非常に大きなエネルギー，仕事率（単位時間

8）章末問題に計算があります。分配比は運動量保存則から得られますが，結論は
質量比の逆，つまり Pb に 4，α 粒子に 206 です。

当りに使われるエネルギー）になります。例えば，$1\,\mathrm{g}$ の $^{210}_{84}\mathrm{Po}$ では，比放射能は $1.7\times10^{14}\,\mathrm{Bq\,g^{-1}}$，1 回の壊変のエネルギーが $5.4\,\mathrm{MeV}$ ですから，$1.7\times10^{14}\times5.4\times10^{6}\times1.6\times10^{-19}\approx1.5\times10^{2}\,\overset{\text{ワット}}{\mathrm{W}}$ です[9]。ご自宅の蛍光灯は，1 本 $20\sim100\,\mathrm{W}$ 程度でしょうか。

3. 放射線の利用

（1）放射線の危険性

　原子から電子を 1 つ取り出すのに要するエネルギー，第一イオン化エネルギーは最も大きい He で $24.6\,\mathrm{eV}$（約 $5250\,\mathrm{kJ\,mol^{-1}}$）[10]，最も小さいフランシウム，Fr で $3.3\,\mathrm{eV}$（約 $380\,\mathrm{kJ\,mol^{-1}}$）です。分子でも同程度です。放射線のエネルギーは原子分子のイオン化エネルギーより桁違いに大きく，当たれば原子分子は電離します。すると，分子の結合が切れたり，飛び出した電子が他の分子を攻撃したりします。人体には水，H_2O がたくさんありますが，$\mathrm{H\cdot}$ と $\cdot\mathrm{OH}$ の結合エネルギーは $5.11\,\mathrm{eV}$（$494.3\,\mathrm{kJ\,mol^{-1}}$）で，放射線で水は壊れ，不対電子を持った $\mathrm{H\cdot}$ や $\cdot\mathrm{OH}$ ラジカルが DNA などを攻撃，破壊します[11]。DNA やタンパク質を始めとする有機分子の CH，CC，CO，CN などの結合エネルギーは $4\sim5\,\mathrm{eV}$（$400\sim500\,\mathrm{kJ\,mol^{-1}}$）程度です。放射線や水の分解でできたラジカルの攻撃で生体分子が壊れる二次的な効果も，放射線が危険な理由の 1 つです。

（2）物質と放射線

　物質中をゆっくり通過する放射線は，物質と反応（相互作用）する時

9）$1\,\mathrm{Bq}=1\,\mathrm{s^{-1}}$，$1\,\mathrm{W}=1\,\mathrm{J\,s^{-1}}$。
10）$1\,\mathrm{eV}=96.4853\,\mathrm{kJ\,mol^{-1}}$
11）ヒドロキシラジカル（$\cdot\mathrm{OH}$）は，いわゆる活性酸素の一種です。

間が長くエネルギーをたくさん物質に渡せます。粒子のエネルギーが MeV（10^6 eV）程度までの α 線や 100 keV（10^5 eV）程度までの β 線が物質に与えるエネルギーは、速度の 2 乗に反比例します。粒子は速度を落とすとエネルギーを失い、すると遅くなってさらにエネルギーを失い、するとエネルギーを失い…という具合です。図 14 - 3 は横軸に荷電粒子が物質中を進む距離、縦軸に荷電粒子が物質に与える（粒子が失う）エネルギーのグラフです（**ブラッグ曲線**）。グラフの右側でエネルギーが 0 になって粒子は止まり、その直前に物質に与えるエネルギーが急に立ち上がってピークになっています。粒子が止まるまでの距離を**飛程**と言います。荷電粒子が物質に与えるエネルギーは、相手物質の比重および、粒子自身の電荷量の 2 乗に比例します。重い物質ほどエネルギーを奪い、短い距離で粒子を止めます。電荷から α 粒子は β 粒子の 4 倍のエネルギーを与えます。式（14.5）の $^{210}_{84}$Po が出す α 線の飛程は、空気中で 4 cm、水中で 40 μm、アルミニウム中で 25 μm 程度です。軽い β 粒子は、同じエネルギーなら α 粒子よりずっと速く飛びます。電荷の効果も小さいので、物質と反応しにくく飛程が長くなります。先述の $^{137}_{55}$Cs から出る β 粒子の飛程は、空気中で 130 cm、水中で 1.6 mm、アルミニウム中で 0.60 mm ほどです。

　α 粒子が原子にあたると、その原子核を覆う電子より質量が 7000 倍も大きいので、電子を弾き飛ばしながらほぼ真っすぐに進みます。一方、β 粒子は核外電子と同種の粒子なので、ぶつかると自身も弾かれジグザグに進みます。荷電粒子は進路を変えられたり、加速度がかかったりすると X 線を出すので、それによってもエネルギーを失います。

　γ 線や X 線は、物質を通過してエネルギーを失うと波長が長くなるものの、止まるわけではないので飛程はありません。γ 線や X 線を遮る能力は、物質の総重量が同じならだいたい同じと分かっています。遮

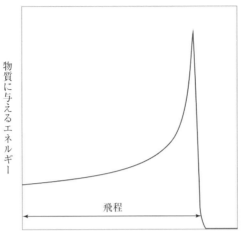

図 14 - 3　荷電粒子の物質透過距離と物質に与えるエネルギー
（https://radiation.shotada.com/chapter/04/ から（2021 年 3 月現在）。
巻末の参考図書も参照。）

蔽に使う物体は薄い方が使いやすいので，同じ重量なら比重の大きい鉛
がよく遮蔽体として使われます。

（3）放射線の人体への影響

　放射線を人体の外から浴びる場合を**外部被ばく**，中から浴びる場合を
内部被ばくと言います。α 線，β 線は飛程が短いので外部被ばくしても，
体の表面で止まり重要な臓器に影響を与えることはあまりありません。
一方，体内に取り込んでしまうと 1 カ所に集中してエネルギーを与え，
臓器が傷つきます。γ 線，X 線，中性子線は透過性が強いので，人体へ
の直接的な影響の点では外部と内部で大きな違いはありません。重くて
電荷を持たない中性子は，原子核の衣の電子に邪魔されにくいので物質
をよく透過するのです。

　ベクレル Bq は，線源の放射能を表します。一方，放射線を受ける側には，「単位重量当たりのエネルギー吸収量」の**吸収線量**を用います。単位はグレイ，Gy で 1 Gy = 1 Jkg^{-1} です。放射線の種類による違いを考慮するには，加重係数（α 線は 20，β，γ 線は 1）を掛け，**等価線量**にします。単位はシーベルト，Sv で，1 Gy の α 線は 20 Sv に，1 Gy の β 線，γ 線は 1 Sv に相当します。α 線は，エネルギーと飛程から数個の細胞に深刻なダメージ与えるので等価線量が大きいのです。さらに人の場合，部位により放射線への感受性が異なります。それを加味したのが，**実効線量**です。これは，式（14.6）のように組織や臓器が受けた等価線量に，組織加重係数（表 14-2）を掛け，それらを全身分足しあげたものです。

$$実効線量[\text{Sv}] = \sum_{\substack{\text{全身}\\ \text{組織や臓器}}} （等価線量 \times 組織加重係数） \tag{14.6}$$

　日本人は胃の X 線診断など人工的な放射線だけでなく，年間で平均 2.1 mSv の自然放射線も浴びています（表 14-3）。年 100 mSv 未満なら無害と言われています[12]。

　実は，私たちは自分自身も放射線源です。生命の必須元素の 1 つであるカリウムの放射性同位体 ^{40}K や，炭素 ^{14}C，ルビジウム ^{87}Rb について体内での存在量から割り出すと，体重 60 kg の日本人で 4000（^{40}K），2500（^{14}C），500（^{87}Rb）Bq，合計 7000 Bq の放射線源になっています。また，食品中にも ^{40}K が含まれ，それは 1 kg 当たり，コメ 30，牛乳 50，ほうれん草 200，お茶 600 Bq の放射能に当たります。私たちは，ゼロベクレルの世界には生きられないのです。

12）2012 年 12 月，原子放射線に関する国連の科学委員会の報告（国連承認）。

表 14 - 2　組織加重係数

組織・臓器	組織加重係数
生殖腺	0.20（0.08）
骨髄（赤色），結腸，肺，胃	0.12（0.12）
膀胱，肝臓，食道，甲状腺	0.05（0.04）
乳房	0.05（0.12）
皮膚，骨表面	0.01（0.01）
脳，唾液腺	-.-（0.01）
残りの組織・臓器	0.05（0.12）
合計	1.00（1.00）

環境省のホームページから。国際放射線防護委員会（ICRP）の 1990（2007）年の勧告による値。現在の法令では 1990 年の値が用いられている。(https://www.env.go.jp/chemi/rhm/kisoshiryo/attach/201510mat3-01-12.pdf（2021 年 3 月現在）)

表 14 - 3　身近な放射線量（実効線量（mSv））

自然放射線

ケララ・マドラス（インド）	9.2	年間。世界でも最も高い値の地域の 1 つ
日本平均	2.1	年間 （宇宙から 0.3，大地から 0.33，空気中ラドン 222，ラドン 220 から 0.8，食品から 0.99。世界平均は 2.4）
東京―ニューヨーク間航空機旅行	0.11～0.16	往復

診断で受ける放射線

一般撮影：胸部正面	0.06
歯科撮影	$(2\sim10)\times10^{-3}$ 程度
X 線 CT 検査	5～30 程度
PET 検査	2～20 程度

一般公衆の年間線量限度	1	管理の対象となるあらゆる放射線源からの被ばくの合計が，その値を超えないように管理するための基準値。健康診断の際や，医療において患者が受ける医療被ばくには線量限度を適用しません。

環境省，放射線による健康影響等に関する統一的な基礎資料（令和元年度版）(2021 年 6 月 27 日現在，https://www.env.go.jp/chemi/rhm/r1kisoshiryo/r1kisoshiryohtml. html）他に基づき作成

（4）放射線と医療

　放射性トレーサーと呼ばれる放射性同位体を体内に入れ，移動経路や蓄積場所を調べて，病気の診断に役立てています。意図的な内部被ばくなので，エネルギーが小さく制御しやすいβ線やγ線を出し，半減期の短い同位体を，出来るだけ少量用います。テクネチウム${}_{43}^{99m}$Tcは，γ線だけを出します[13]。これを結合させた化合物の薬剤を注射し，心臓，腎臓，肝臓，肺などの臓器や，甲状腺などの分泌腺に送ります。放出されるγ線は体外に出てくるので，画像撮影します。半減期は6時間ですぐ消え，体組織を痛めにくいのです。

　PET[14]は，陽電子を放出する放射性同位体を用いる診断法です。陽電子は正電荷の電子と思えばよいですが，負電荷を持つふつうの電子にぶつかるとγ線を出して消滅します。電子はあらゆる物質に含まれるので，人体中では陽電子が放出されたとたんγ線に変わります。その際，エネルギーの等しい2本のγ線が正反対の方向に出ます[15]。トレーサーを服用した人を検出器で囲うと，1回の壊変で2カ所の検出器が探知し，トレーサーはそれらを結ぶ直線上にあります。どの方向にも同じ確率で放出されますから，複数回の壊変で得られる直線の交点でトレーサーの位置が分かります。フッ素-18，${}_{9}^{18}$Fをグルコースに結合させてトレーサーに使うと，グルコースが良く消費される場所，主に脳内の異常部位の発見に活かせます。酸素が多く消費される場所を探すには，${}_{8}^{15}$Oを含む水や酸素を使います。

　放射線は，治療にも役立ちます。正常細胞より分裂が盛んながん細胞は放射線の感受性も高いことが知られています。放射線治療の問題点は，目的のがん細胞の周辺までダメージを与えてしまうことです。そこ

13）励起状態（準安定状態）を示すのに，質量数にmを添えます。
14）Positron Emission Tomography の略。
15）運動量保存則です。

で，加速器でエネルギー，量，向き，広がり方，奥行きを制御した粒子線で，がん細胞を狙い撃ちする治療法が開発されています。ブラッグ曲線を思い出してください。荷電粒子の飛程がちょうど患部に来るように調整できれば，途中の正常細胞に与えるエネルギーを押さえて，患部に大きなエネルギーを与えることができます。加速器は，この調整ができる装置です。ピークが鋭いほど良いですが，粒子の質量が大きいほど鋭くなるので，電子より陽子，陽子より質量の大きなイオンがより有効となります。

　加速器を用いた治療法に，ホウ素中性子補足療法，BNCT[16)]があります。用いる核反応は，

$$\mathrm{^{10}_{5}B} + \mathrm{^{1}_{0}n} \rightarrow \mathrm{^{7}_{3}Li} + \mathrm{^{4}_{2}He} \qquad (14.7)$$

です。生じる $\mathrm{^{7}_{3}Li}$ と $\mathrm{^{4}_{2}He}$ のエネルギーは，順に 0.84 MeV と 1.47 MeV で飛程は 4〜5 μm と 9〜10 μm 程度です。どちらも人間の体細胞 1 つに収まります。ホウ素 $\mathrm{^{10}_{5}B}$ は細胞の主成分である炭素や水素より桁違いに反応しやすく，$\mathrm{^{10}_{5}B}$ を含む細胞では中性子を吸収して式（14.7）の反応が起きます。生成物の飛程が短いので，その細胞に膨大なエネルギーを落とし破壊します。21 世紀に入り，がん細胞にだけ選択的に吸収されるホウ素薬剤，そのがん細胞での滞留性を向上させる方法が開発されました[17)]。また，核反応

$$\mathrm{^{9}_{4}Be} + \mathrm{p} \rightarrow \mathrm{^{9}_{5}Be} + \mathrm{^{1}_{0}n} \qquad (14.8)$$

を利用するコンパクトな中性子発生源の開発が進み，全国の大きな病院

---

16)　Boron Neutron Capture Therapy の略。
17)　スライムの化学を利用して，ポリビニルアルコールに，ボロフェニルアラニン（BPA）を結合させます。

で普及し始めています。生物学，物理学，化学が結び付いて，医学に役立っています。もちろん，実装面で工学も重要です。それにしても，原子（核）で手術ですものね，化学（科学）って素晴らしい。

練習問題と課題

問題1　本章冒頭のキーワードを，それぞれ説明しなさい。

問題2　100秒に4,600回（個）放射線を出す放射性物質の放射能は，いくらか。

問題3　放射性同位体のトリチウム234，^{234}Th の半減期は，24日である。今，^{234}Th が1.0gあるとする。
（1）24日前には何gあったか。
（2）0.125gになるのは，何日後か。

問題4　$1\,\mathrm{J} = 1\,\mathrm{kg} \cdot \dfrac{\mathrm{m}^2}{\mathrm{s}^2} = 6.24 \times 10^{18}\mathrm{eV}$ である。また光速は $c = 3.00 \times 10^8\,\mathrm{m} \cdot \mathrm{s}^{-1}$，アボガドロ定数は，$N_\mathrm{A} = 6.02 \times 10^{23}$ とする。$^{210}_{84}\mathrm{Po}$，$^{206}_{82}\mathrm{Pb}$，$^{4}_{2}\mathrm{He}$ の1モル当たりの質量は，209.9828737，205.9744653，4.0026033 g である。
（1）1.00gの物質は何Jのエネルギーと等価か。アインシュタインの式に従って求めよ。
（2）$^{210}_{84}\mathrm{Po} \rightarrow {}^{206}_{82}\mathrm{Pb} + {}^{4}_{2}\mathrm{He}$ で減少する質量は，1molあたり何gか。
（3）（2）の反応で生成するエネルギーは，$^{210}_{84}\mathrm{Po}$ 1粒子あたり何eVか。

（4）（2）の反応生成物，$_{82}^{206}\mathrm{Pb}$ と $_{2}^{4}\mathrm{He}$ の質量を m_{Pb}，m_{He}，反応後の速さを v_{Pb}，v_{He} とする。運動量保存則によると，$m_{\mathrm{Pb}}v_{\mathrm{Pb}} = m_{\mathrm{He}}v_{\mathrm{He}}$ の関係がある。v_{He} を m_{Pb}，v_{Pb}，m_{He} を用いて表しなさい。

（5）反応後の $_{82}^{206}\mathrm{Pb}$ と $_{2}^{4}\mathrm{He}$ の運動エネルギーはそれぞれ

$\dfrac{1}{2}m_{\mathrm{Pb}}v_{\mathrm{Pb}}{}^{2}$，$\dfrac{1}{2}m_{\mathrm{He}}v_{\mathrm{He}}{}^{2}$ で，その合計は（3）のエネルギーに等しい。（3）のエネルギーは，$_{82}^{206}\mathrm{Pb}$ と $_{2}^{4}\mathrm{He}$ とに，いくらずつ分配されるか。

15 | 持続可能な開発目標(SDGs):環境と化学

橋本健朗

《**目標&ポイント**》 持続可能な開発目標，環境問題の理解を深め，未来を考えます。
《**キーワード**》 SDGs，気候変動，地球温暖化，大気汚染，水質汚染，土壌汚染，越境汚染，オゾン層破壊，基準値，脱炭素社会

----

1. 環境汚染

「持続可能な開発目標（SDGs[1]）」という言葉をよく聞きます。これは，2030 年までに持続可能でよりよい世界を目指す国際目標で，2015年 9 月の国連サミットで採択されました。貧困や飢餓といった問題から，働きがいや経済成長，気候変動まで含む包括的な取り組みです。17のゴール，169 のターゲットから構成されています[2]。SDGs の中で気候変動，地球温暖化は重要な位置を占めます。まずは，環境汚染の理解から始めましょう。

図 15-1 に，**大気汚染**の空間，時間スケールを示しました。横軸の感覚は，近隣の市町村までの距離や，札幌から那覇まで約 2,200 km，東京から北京まで約 2,100 km から掴んでください。縦方向を見ると，光化学スモッグは数時間，酸性雨は数日続きます。オゾン層破壊や地球温暖化は 100 年以上，数世代先にも影響する懸念があります。

1）Sustainable Development Goals の略。
2）外務省のホームページなどで詳しいことがご覧になれます。

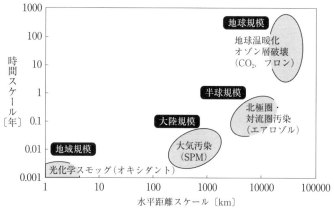

図 15‐1　大気環境問題の時間，空間スケール

（1）地域規模の環境汚染

　環境省は，インターネットで国内各地の大気観測データを公開していま す[3]。自動車排出ガスの物質や光化学スモッグの原因物質（**光化学オ キシダント**），さらに後述する**浮遊粒子状物質**（**SPM**[4]）などの分布状 況が分かります。光化学オキシダントは，窒素酸化物，炭化水素が紫外線 を受けて反応してできる酸化性物質（相手を酸化する物質，オゾンなど） の総称です。光化学スモッグの生成条件として，25℃以上の気温，4時間 以上の日射，風が弱いことが知られており，都市で，日本では夏に発生し やすくなっています。光化学スモッグの影響には，不整脈の増加，脈拍の 低下，喘息や花粉症のようなアレルギー症状の悪化などがあります。

　病原菌や毒物を出す微生物により飲み水が汚染されることを，**生物汚 染**と言います。原水を塩素 Cl_2 やオゾン O_3 で殺菌します。工場排水や 原子炉排水などにより水温が上がる現象は，**熱汚染**です。気体は高温ほ ど水に溶けにくいため，水中の生物が酸欠で死にます。雨水に流された

3）インターネットの「そらまめ君」，http://soramame.taiki.go.jp/ で見られます。 花粉情報は「はなこさん」，http://kafun.taiki.go.jp/ です（2021 年 10 月 27 日 現在）。
4）Suspended Particulate Matter の略。

土壌粒子などで水が濁る現象が，**懸濁物汚染**です。濁りで太陽光が遮られ，藻類や植物プランクトンの光合成が弱まります。有害物質や病原菌が懸濁粒子に付着することもあります。有害物質による水の汚染が，**化学汚染**です。農業（肥料，農薬），家庭（塗料，溶剤），産業（鉱工業の排水など）や事故による石油流出などが発生源です。肥料の硝酸イオン NO_3^- やリン酸イオン PO_4^{3-} は，**富栄養化**に繋がります。湖や川の表層の藻類が大繁殖し，水が酸欠になって水中の生物を苦しめます。国境をまたがる河川や海洋の**水質汚染**は，次項で述べる大気中の浮遊粒子状物質や酸性雨のように**越境汚染**となります。

　農業の肥料，殺虫剤，除草剤，鉱工業の有害廃棄物，家庭や工場，事業所のごみで陸地が汚染されます（**土壌汚染**）。廃棄物から大気や河川に出た物質は，移動，拡散し被害が拡大します。一方，土の中に有害物質が留まり，汚染が長期化することもあります。

（2）大陸規模の汚染

　SPM とは大気中に浮遊する粒径が 10 µm 以下の粒子のことで，呼吸器系に有害です。中でも平均粒径が 2.5 µm 以下の粒子を **PM$_{2.5}$** と言います。軽いために長距離を移動し，広域に被害が及びます。工場のばい煙や自動車排出ガスなどが原因の粒子は，有害性の強い物質を多く含みます。自然起源の黄砂も SPM の一種ですが，東アジア地域の工業地帯上空を移動する間に汚染されるという指摘もあります。

　エアロゾルは，感染症に関連して飛沫で有名になりました。大気エアロゾルは，大気中に浮遊する微小液体，固体粒子の分散系の総称で，構成粒子（粒径 100-0.01 µm）そのものと区別せずに用いられます。粉じん，フェーム，ミスト，ばいじんが含まれ，気象学的には，霧，もや，煙霧，スモッグなどと呼ばれます。化石燃料の燃焼などで発生し，時に

は大陸や大洋を越えて運ばれます。反射，吸収で地表へ届く太陽光を減
少させる効果，太陽光による微粒子を含む大気の加熱で雲の発生が抑制
され地表に届く太陽光を増やす効果など，影響が複雑で温暖化と気候変
動の点からも詳しい研究が進められています。

　酸性雨も，越境汚染です。降水には大気中の二酸化炭素が溶けます。
十分溶け込んだ場合の pH は 5.6 で，この値が酸性雨の目安です。酸性
雨の主な原因物質は窒素と硫黄の酸化物，一酸化窒素 NO，二酸化窒素
NO_2，二酸化硫黄 SO_2，三酸化硫黄 SO_3 など，いわゆる NO_x（ノックス）
や SO_x（ソックス）です。これらは，酸から水が抜けた形をした酸無水
物で，水と反応して強酸を生成します。例えば，

$$4NO_2(g) + 2H_2O(\ell) + O_2(g) \rightarrow 4HNO_3 \tag{15.1}$$

の右辺の硝酸は電離して水素イオンを生成する酸です。

$$HNO_3 \rightarrow H^+ + NO_3^- \tag{15.2}$$

溶媒の水は省略しました。

　また，二酸化硫黄が水と反応すると亜硫酸が，三酸化硫黄と水が反応
すると硫酸が生成し，電離して水素イオンを生成します。

$$SO_2(g) + H_2O(\ell) \rightarrow H_2SO_3 \rightleftarrows H^+ + HSO_3^- \tag{15.3}$$

$$SO_3(g) + H_2O(\ell) \rightarrow H_2SO_4 \rightleftarrows 2H^+ + HSO_4^{2-} \tag{15.4}$$

　窒素酸化物の排出源には，高温で空気中の窒素と酸素が反応する自動

212

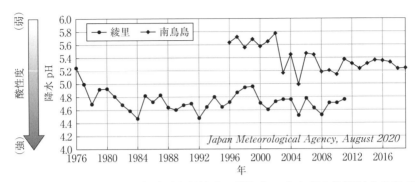

図15-2 気象庁による岩手県大船渡市三陸町と，東京都小笠原村南鳥島での酸性雨の長期監視結果。
https://www.data.jma.go.jp/gmd/cnv/acid/change_acid.html
（2021年3月現在）

車のエンジンがあります。一方，硫黄酸化物の主な発生源の1つは，石炭を燃やす火力発電所です。原因物質が放出されてから降雨までに，数百から数千kmも運ばれることもあり，各国が協力して様々な観測をしています。図15-2は，気象庁による岩手県大船渡市三陸町綾里と，東京都小笠原村南鳥島での酸性雨の長期監視結果です。綾里では，1976年の観測開始直後には5.0より大きかったpHは，その後4.4〜5.0で推移しました。人為的な影響が綾里より少ない南鳥島では，2003年以降はそれ以前と比較してpHの低い酸性化した状態が続いています。また2003年及び2005年のpHの顕著な低下は，南鳥島の南西約1200kmにある北マリアナ諸島アナタハン火山からの火山ガスの流入が原因の1つと考えられています。しかし，未だ2002年以前のpH値に戻っておらず，大陸から輸送されてくる酸性物質の影響の可能性もあります。図15-3は環境省による降雨のpH分布図です[5]。酸性雨は，土壌，森林，湖水などに影響します。森の木が枯れる，魚が死滅するなどです。

5）環境省のホームページから。http://www.env.go.jp/air/acidrain/monitoring/h30/index.html。（2021年6月25日現在）

pH分布図（平成26年度〜平成30年度）

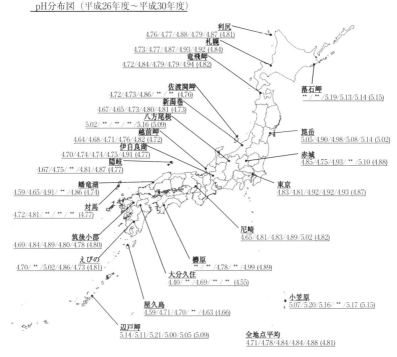

平成26年度/平成27年度/平成28年度/平成29年度/平成30年度（5年間平均値）

図 15 - 3　降水の pH 分布図（環境省）

建物のコンクリート成分であるカルシウムや屋根の銅を溶かしたり，銅像を錆びさせたりの被害も起こります。図15‐3のpHは二酸化炭素だけでなく生物の代謝も原因の硫黄酸化物等の影響を含みます。ほとんどの地域でpHが5を下回っていますが，10年以上前から変化は小さく，現在では酸性雨の報道は少なくなっています。

　近年懸念される越境汚染に，9章でも学んだプラスチックによる**海洋汚染**があります。世界中で毎年何百万トンも作られるプラスチックの約20％が海に捨てられています。海洋に出たプラスチックの約70％は沈

み，残りは浮かんでいます。海にあるプラスチックは生分解によって小さい破片に分解されますが，その速さは地上に比べて極めて遅いため海中のプラスチックは何十年もそこに留まります。

（3）地球規模の環境問題

1.3.1　オゾン層破壊

　オゾン O_3 は，地表に近い大気中では光化学オキシダントとして悪者になります。高度 20〜30 km に O_3 を多く含む**オゾン層**があります。この O_3 は紫外線を吸収して分解し，生物をその害から守っています。人間は，過度に紫外線を浴びると皮膚がんになる恐れがあります。O_3 が紫外線を吸収すると O 原子と O_2 分子に分解しますが，活性な O 原子が近くの O_2 と反応して O_3 が再生されます。オゾン層に穴があいたのが**オゾンホール**です。原因物質は，エアコンの冷媒などで使われた**クロロフルオロカーボン類（CFCs）**[6] でした。これらは紫外線を吸収して，塩素原子ラジカル Cl・を生成します。詳細は他書に譲りますが，Cl・は O_3 を分解する上，反応の中間生成物である ClO や ClO_2 から Cl・が再生され，繰り返しオゾン分解が進みます。幸い 1987 年にモントリオール議定書で各国が CFCs 削減に取り組むこととなりました[7]。2000 年以降オゾン層は回復傾向にあり，中緯度帯と北極では 21 世紀中頃より前，南極ではそれより少し遅れて 1980 年のレベルまで回復すると予測されています[8]。

1.3.2　地球温暖化と気候変動

　水蒸気 H_2O や二酸化炭素 CO_2 は，赤外線を吸収したり放出したりし

6）日本では，フロン類と呼ばれます。
7）2009 年までに全国連加盟国が批准しています。
8）世界気象機関と国連環境計画による「オゾン層破壊の科学アセスメント：2014」

ます[9]。地表面からの赤外線をこれらが吸収し，その後放出して空気を温めるのが**温室効果**，その元となる気体が**温室効果ガス**です。地表の平均気温は15℃ですが，大気がないと−19℃です。温室効果ガスが地球を私たちが住める環境にしています。

水素や酸素は同位体を持つので，軽い水，重い水があります。気温が上がると，海から蒸発する水のうち軽い水に比べて重い水の割合が増えるので，その水蒸気からできる雲からは重い水を多く含む雪が降ります。南極やグリーンランドなどの万年雪は深くなるほど古く，過去に降り積もった雪と閉じ込められた気泡を時系列に沿って保存しています。そこを垂直方向に掘ってとり出した氷の柱，**氷床コア**の同位体の比率を調べると過去の気温が推定でき，さらに気泡を分析してそれが埋もれた時代のCO_2，CH_4，N_2Oの濃度が解ります（図15−4）[10]。

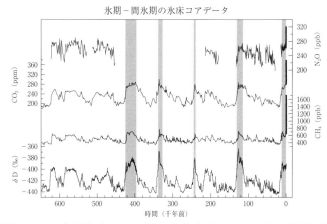

氷期−間氷期の氷床コアデータ

図 15−4 **南極氷床コアの重水素変動（δD，気温の代替）と大気中温室効果ガス濃度**[11,12]

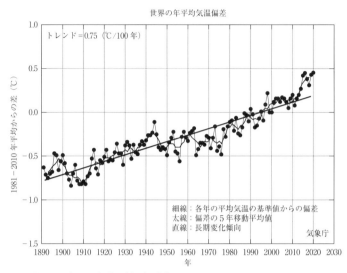

図 15 - 5　世界の気温変化（気象庁） https://www.data.jma.go.jp/cpdinfo/
temp/an_wld.html（2021 年 3 月現在）

　図 15 - 5 のように，1891〜
2020 年に世界の平均気温は
100 年あたりで 0.75℃ 上昇し
ました。図 15 - 6 は地球全体
の CO_2 濃度の経年変化で
す[13,14]。図 15 - 4 が示す地球
史的な時間スケールでは，
280 ppm でほぼ一定であっ
た CO_2 の濃度が最近の約 200
年間に急増し，近年では
400 ppm を越えています。

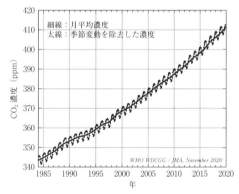

図 15 - 6　世界の CO_2 濃度変化（気象庁）
https://ds.data.jma.go.jp/ghg/
kanshi/ghgp/co2_trend.html
（2021 年 3 月現在）

13）季節変動は主に陸域の植物活動の影響です。
14）気象庁のホームページで詳しいデータが見られます。

1750 年頃からの CO_2 の急増は，産業革命以降人類が化石燃料の燃焼でエネルギーを得て，生活を豊かにしてきた時期に重なります。

国連気候変動に関する政府間パネル（IPCC[14]）は，およそ 6 年おきに報告書を発表しています。2021 年には「人間の影響が大気，海洋及び陸域を温暖化させてきたことには疑う余地がない。」としました[15]。

地球温暖化には懐疑的な見方もあります。10 万年規模の時間スケールでは，気温変化が先で数百年かけてそれを追いかけて CO_2 濃度が変わったと分かっています。気温が上がれば海水から CO_2 が出て，下がれば海水に CO_2 が溶け込むからです。そうした目で見ると，高々200 年程度の気温上昇の議論は，時間スケールが小さすぎるという人もいます。また，現在の気温変化には自然起源，CO_2 濃度上昇による人為起源，データの補正・加工によるものが含まれるはずですが，どれだけが人為起源かを見積もることは困難です。また，気温予測シミュレーションの不確実さも指摘されています。このように科学的に不確実なことも残っていますが，完全に証明された事実よりも可能性を考えた**予防原則**により行動するのが，現在の世界の潮流です。

2. SDGs とエネルギー

（1）SDGs

SDGs の目標 13 は，「気候変動に具体的な対策を」，関連して目標 7 は，「エネルギーをみんなに　そしてクリーンに」です。化石燃料に代わって，二酸化炭素を出さないクリーンエネルギーを使えるようにということです。具体的には，太陽光発電，水力発電，風力発電，バイオマス発電[16]，地熱発電，海洋発電といった資源の枯渇しない**再生可能エネ**

---

14) Intergovernmental Panel on Climate Change の略。
15) 環境省，気象庁，経済産業省のホームページで報告書が見られます。
16) 動植物などから生まれた生物資源（バイオマス）を直接燃焼したりガス化したりして発電します。

ルギー（**再エネ**）です。2020 年 10 月に我が国は，「2050 年までに温室効果ガスの排出を全体としてゼロにする，すなわち 2050 年カーボンニュートラル，脱炭素社会の実現を目指す。」と宣言しました。温室効果ガスには，CO_2 だけでなく，CH_4，N_2O，フロンも含まれます。2030 年度に 2013 年度比で 46％削減，更に 50％の高みを目指しています。2021 年の第 6 次エネルギー基本計画[17]では，S（安全性）＋ 3 E（エネルギーの安定供給，経済効率性の向上，環境への適合）実現のため，最大限の取組を行うともしました。2030 年の需給（電源構成）の野心的な見通しとして，再生可能エネルギー 36～38％（太陽光 14～16，風力 5，地熱 1，水力 11，バイオマス 5％），水素・アンモニア 1％，原子力 20～22％，化石燃料 41％（LNG（液化天然ガス）20，石炭 19，石油等 2％）を示しています。なお，2018 年の実績は，原子力 6％，再生可能エネルギー 17％（うち水力 8％）[18]，化石燃料 77％です。

（2）原子力発電

　原子力発電は，**核分裂**を利用します。ウラン U-235 は中性子との衝突で，クリプトン Kr-91 とバリウム Ba-142 を生成します。

$$\,^{235}_{92}\mathrm{U} + \,^{1}_{0}\mathrm{n} \rightarrow \,^{91}_{36}\mathrm{Kr} + \,^{142}_{56}\mathrm{Ba} + 3\,^{1}_{0}\mathrm{n} \tag{15.5}$$

　同時に 3 個の中性子が放出され，それらが未反応の U-235 に衝突して反応が繰り返され，**連鎖反応**になります。式（15.5）で小数点 7 桁までの数値で反応物と生成物の質量を比べると，約 0.1％だけ生成物の質量が小さくなります。この減少した質量が，アインシュタインの式に従ってエネルギーに変わります。1.0 kg の U-235 を核分裂させると，その 0.1％つまり 1 g から，9.0×10^{10} kJ のエネルギーが得られます。石

---

17) 経済産業省　資源エネルギー庁のホームページでご覧になれます。https://www.enecho.meti.go.jp/category/others/basic_plan/。（2021 年 10 月 23 日現在）

18) https://www.ene100.jp/zumen/1-2-7。正確には地熱および新エネルギーで，新エネルギーとは再生可能エネルギーから大規模水力発電と海洋エネルギーを除いたものです。https://www.ene100.jp/zumen/3-1-1。（2021 年 3 月現在）

炭とガソリンの発熱量は1g当たりそれぞれ30 kJ，47 kJ程度なので，発生するエネルギーで見ると1 kgのU-235は，石炭約3000 t，ガソリン約1900 t分です。大量に発生する熱で水を気化し，高圧蒸気でタービンを回して発電します。水蒸気は冷やして液化し，循環させます。その際，冷却塔に導き，過剰な熱は外からの水で冷やして捨てるので，普通原子炉は水辺に設置します。

（3）再生可能エネルギー

　水力発電，風力発電，海洋発電は，力学的（物理的）にエネルギーを生み出します。地熱発電ができるのは，地球内部に熱源があるからです。主にトリウム，Th-232，ウランU-235とU-238の放射性壊変です。Thには安定同位体はありませんが，Th-232は140.5億年と非常に長い半減期を持ちます。Th-232は，α壊変とβ壊変を繰り返し鉛Pb-208に落ち着きます。放射性壊変によるエネルギーが，地球内部を温めます。U-235（半減期約7億年）とU-238（同約45億年）も同様で，α壊変とβ壊変を繰り返し，Pb-206とPb-207に落ち着きます。

　生物は，糖類や脂質を酸化した時に出るエネルギーで生きていて，元をたどれば光合成に行きつきます。ですから，広く言えばバイオマス発電も太陽光発電も太陽の恵みです。太陽は，水素の**核融合**ででる光で輝いています[19]。軽い2つの原子核が1億℃以上の高温で合体し，重い原子核になるのが核融合です。質量がエネルギーに変換される点は，核分裂と同じです。

3. 現代を生き，未来を選択する

（1）安全安心

　「○○が**基準値**の△△倍を超えました。」という報道をよく耳にしま

19）詳しくは多段階の反応ですが，まとめると $4p \rightarrow {}^4He + 2e^+ + 2v_e + 2\gamma$

す。本書では，環境基準（環境省），食品中の放射性物質の基準値（厚生労働省），遺伝子組み換え表示制度に関連して食品表示基準（内閣府）などが関係します。基準値とは，何でしょうか。アメリカでは，例えば食品中の発がん性物質がどの程度までなら安全と見なすかについて論争があり，1つの物質について発がんリスクとして受け入れられるリスクレベルは，それにより発がんする人が1万人から100万人に一人程度に落ち着きました。また，100万人に一人（0.001%）にも，例えば1Lに0.02 mg のベンゼンを含む水を毎日2Lずつ飲み続けたら生涯の発がん率が 0.001% といった，通常あり得ない前提付きのこともあります。日本の報道では，大抵は「…すぐには，危険や健康への影響はありません。」と続きますが，毎回恐怖や心配を煽られているのではないでしょうか。日本は基準値の多くを輸入していて，前提について学ぶ機会もほとんどありません。今後も，前提とも関連して低すぎる基準値，センセーショナルな報道により，汚染よりむしろ風評被害に苦しむ方が出る恐れもあります。新型コロナウイルス感染症（COVID-19）を社会として経験して，ゼロリスクではいられないことを皆が認識したところですから，「受け入れられるリスク」の共通意識を持つ契機となり得ます。基準値とほぼセットで登場する安全安心を，行政のための言葉から，市民にとって真に意味のあるものにすることが必要です。

（2）脱炭素社会

　SDGs はどの国にも影響が大きい課題で，経済面での国家間の駆け引きや主導権争いもあります。ヨーロッパにはガソリン車，ディーゼル車の新車販売を 2025〜2030 年に禁止する国もあり，中国やアメリカでも電気自動車へ急速に転換しようとしています。日本の自動車産業は，下請けも含めると 550 万人の人が関わると言われています。国際動向が自

動車の輸出に影響します。また，電気自動車はガソリン車と部品の種類，数が減るため，生産過程，産業構造も変わるはずです。

　低炭素化，脱炭素化の実現には，現在のインフラを前提にするのではなく社会構造，システム全体を変革することが必要となっています。日本は今後人口が減り高齢化が進みますが，一人暮らしのお年寄りがボタン 1 つ押すと電気自動車がステーションから自動運転で自宅に来て，買い物や病院に連れて行ってくれる，自動車を使っていないときにはステーションで太陽光発電の蓄電池として機能するというような変革です。交通部門で使われてきたガソリンや，車体の鉄鋼など CO_2 排出量の推計に用いられてきた前提が大きく変わります。

　また技術開発が不可欠です。しかし，個別的な技術だけ，また国内だけを見ていては不十分です。例えば，水素自動車は CO_2 を出さなくとも，水素を作るのにエネルギーが必要です。それを化石燃料で賄っては脱炭素になりません。その分を他国に押し付けても問題は解決しません。

　日本は，国民に不安が残る中，エネルギーの安定的確保，安全保障のため，原子力発電維持を選択しています。政策として再エネ利用を進めようとしているものの，解決すべき課題があります。太陽光発電用パネルの材料のケイ素 Si は地殻の 28％ も占める元素ですが酸化物として存在することが多く，Si-O 結合は強いので鉱物から Si を取り出すのに電気エネルギーが必要です。日本は電気代が高いので産業として成り立たず，他国に協力を仰がなければならないかも知れません。また，太陽光発電のために多数のパネルを設置すると景観を悪くすることは，現在でも問題になっています。バイオマスも生物への飼料，肥料から施設維持までエネルギーが必要なことに変わりはありません。天候に左右されない天然資源の地熱が期待されますが，利用拡大には時間がかかりそうです。

　さて，そもそもの目的である人為的CO_2排出量の削減，気温上昇の抑制は，全地球の合計を見ないと成否がわかりません。CO_2排出量の推計ではなくて，観測で大気中CO_2が減り，気温が下がったか，事実を全世界的視点で科学的に検証し続けることが必要です。社会変革，技術革新には莫大なお金がかかり，増税まで話題になります。豪雨などには対症療法的に適応する方がよいという主張もあります。温暖化はしていないし，たとえ人為的CO_2が原因で気候変動が起こっていたとしても，解決は子や孫の世代の進んだ技術に任せようというものです。利害関係者が複雑に絡んでもいます。政治，経済，科学的進歩のいずれにも不確実さのある現代をどう生き，どんな未来を残すのか，決めるのは私たちです。

練習問題と課題

問題1　環境問題を，空間スケール，時間スケールで分類しなさい。

問題2　地球温暖化と気候変動について説明しなさい。

問題3　SDGsとは何か説明しなさい。

参考図書・資料 ▐

【カッコ内は本書で関係の深い章】

（1） 北條博彦，渡辺正著『化学基礎（化学はじめの一歩シリーズ 1）』化学同人（2013 年）第 1 版第 1 刷【1，7 章】

（2） Kimberley Waldron 著，竹内敬人訳『教養としての化学入門　未来の課題を解決するために』化学同人（2016 年）第 1 版第 1 刷【1，4，15 章】

（3） D. P. Heller，C. H. Snyder 著，渡辺正訳『教養の化学—暮らしのサイエンス—』東京化学同人（2019 年）第 1 版第 1 刷【1，15 章】

（4） 江沢洋著『だれが原子をみたか（岩波現代文庫／学術 281）』岩波書店（2014 年）第 2 刷【1 章】

（5） 竹内敬人著『人物で語る化学入門（岩波新書／新赤版 1237）』岩波書店（2010 年）第 1 刷【2 章】

（6） 桜井弘編『元素 118 の新知識　引いて重宝，読んでおもしろい（ブルーバックス B-2028）』講談社（2017 年）第 1 刷【2 章】

（7） 竹内敬人，山田圭一著『化学の生い立ち（日本化学会編／新化学ライブラリー）』大日本図書（1992 年）初版第 1 刷【2〜4 章】

（8） 橋本健朗編著『化学結合論—分子の構造と機能』放送大学教育振興会（2020 年）第 3 刷【2〜5 章】

（9） 橋本健朗，安池智一著『量子化学』放送大学教育振興会（2019 年）第 1 刷【2〜5 章】

（10） 竹内敬人編著，梅澤喜夫，大野公一編『化学の基礎（化学入門コース 1）』岩波書店（1996 年）第 1 刷【4 章】

(11) 東京大学教養学部化学部会編『化学の基礎 77 講』東京大学出版会 (2004 年) 2 刷【5 章】

(12) 芝哲夫著『化学物語 25 講 生きるために大切な化学の知識』化学同人 (2016 年) 第 1 版第 18 刷【5 章】

(13) Peter Atkins, Julio de Paula 著, 中野元裕, 上田貴洋, 奥村光隆, 北河康隆訳『アトキンス 物理化学 (上) 第 10 版』東京化学同人 (2017 年) 第 10 版第 1 刷【7 章】

(14) 黒田六郎, 杉谷嘉則, 渋川雅美共著『分析化学改訂版』裳華房 (2004 年) 第 19 版【13 章】

(15) 多田将著『放射線について考えよう。』 https://radiation.shotada.com/ (明幸堂より書籍版も出ている。本書では, 2019 年第 2 刷を参考にした)【14 章】

(16) 多田将著『ニュートリノ もっとも身近で, もっとも謎の物質 (イースト新書 Q017)』イースト・プレス (2016 年) 初版第 1 刷【14 章】

(17) 国立天文台 理科年表 平成 28 年【14 章】

(18) David R. Lide 編『CRC HANDBOOK OF CHEMISTRY and PHYSICS』, 89 版, CRC Press, Boca Raton, 2008 年, 表 11-92 (^{91}Kr)。【14 章】

(19) 橋本健朗編著『現代を生きるための化学』放送大学教育振興会 (2020 年) 第 2 刷【15 章】

(20) J. R. Petit 他著『Nature, Volume339, pp.429-436』(1999 年)【15 章】

(21) 渡辺正著『「地球温暖化」狂騒曲 社会を壊す空騒ぎ』丸善出版 (2020 年) 第 5 刷【15 章】

(22) 村上道夫，永井孝志，小野恭子，岸本充生著『基準値のからく
り　安全はこうして数字になった（ブルーバックス B-1868)』講
談社（2014年）第1刷【15章】

(23) 『現代を生きるための化学（'18)』第4回，亀山康子氏（国立環境
研究所）のインタビュー（2017年10月）【15章】

練習問題と課題の解答例 ▋ （練習問題や課題は省略）

〈1章〉

問題1　略。

問題2　^{16}O，^{17}O，^{18}O の順に（陽子数，中性子数，電子数）= (8, 8, 8)，(8, 9, 8)，(8, 10, 8)

問題3　13,800,000,000 × 365 × 24 × 60 × 60 ≒ $4.35 × 10^{17}$

〈2章〉

問題1　略（本文を復習して下さい）。

問題2（1）

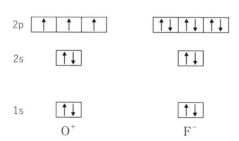

（2）(a) Li：$(1s)^2 (2s)^1$，Na：$(1s)^2 (2s)^2 (2p)^6 (3s)^1$

　　　(b) N：$(1s)^2 (2s)^2 (2p)^3$，P：$(1s)^2 (2s)^2 (2p)^6 (3s)^2 (2p)^3$

　　　(c) Ne：$(1s)^2 (2s)^2 (2p)^6$，Ar：$(1s)^2 (2s)^2 (2p)^6 (3s)^2 (3p)^6$

（3）

問題3　3p（アルミニウム，Al），3d（スカンジウム，Sc），4s（カリウム，K），4p（ガリウム，Ga），4d（イットリウム，Y）

〈3章〉

問題1 （1） 新しい物質を生み出すには，化学結合，原子が結びつい
たり離れたりする仕組みの理解が欠かせないので。

（2） 略（本文を復習して下さい）。

問題2 （1） 原子の最外殻電子の数が8つに満たない場合，2個の原
子間で電子を共有することで貴ガスと同じ電子配置を持て
ば分子が安定し，結合が生じるという経験則。

（2）

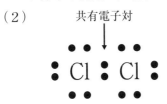

共有電子対

他の6つの電子対は全て
非共有電子対

問題3 （1） $(\phi^+)^2(\phi^-)^2$

（2） できない。結合性軌道を電子対が占有することによる安定
化と反結合性軌道を電子対が占有することによる不安定化
が打ち消しあうため。

〈4章〉

問題1 （1） 着目する原子と結合するHの数

（2） 非共有電子対まで含めればNを中心とする四面体型，含めずに原子核の位置関係だけを見れば三角錐型。

問題2 （1） 水素原子を間に挟んで，電気陰性度の大きいN，O，F原子が結びついたN-H…N，O-H…O，N-H…Oのような分子間の結合

（2） 作らない。非共有電子対を持たないため。

問題3 ダイアモンドの炭素は全てσ結合しており，結合電子対は原子間に局在している。一方，グラファイトはπ電子を持ち，それらが非局在化して自由電子となるから。

〈5章〉

問題1 ベンゼンは環状構造をもち，完全共役すなわち，ベンゼンの環状の各炭素が面外に2p軌道を1つずつ持ち，隣接する2p軌道がすべて繋がっているから。また，ベンゼンは図5-8のような共鳴混成体であり，共鳴混成体を考えることができないアルケンよりも安定化されていると見ることもできる。厳密には，芳香族性に関して，結合性軌道，反結合性軌道への電子の収まりかたについて理解する必要がある（巻末の参考図書，化学結合論，量子化学参照）。

問題2　グルコース（D-グルコース）が結合して（α-1,4グリコシド
　　　結合），環状構造をとったオリゴ糖である。

　　　例；

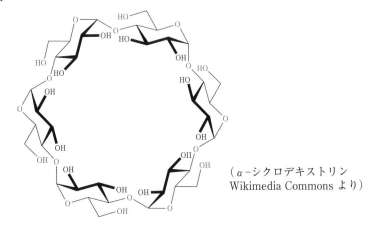

（α-シクロデキストリン
Wikimedia Commons より）

　　　グルコースの重合度の違いによって，α，β，γ-シクロデキ
　　ストリンが知られているが，これらはいずれも疎水的な分子を取
　　り込む（包接する）。ゲスト化合物としては，多くの疎水的な化
　　合物が知られている。例；フエノールフタレイン。

問題3

$$\left[\begin{array}{c} \overset{R^1}{\underset{H}{-\text{C}\alpha-}}\overset{}{\underset{\text{O}}{\text{C}}}\text{=} \overset{H}{\underset{}{\text{N}}}\text{—}\overset{R^2}{\underset{H}{\text{C}\alpha}}\overset{\text{O}}{\text{C}}\text{—}\overset{}{\underset{H}{\text{N}}}\text{—} \quad\longleftrightarrow\quad \overset{R^1}{\underset{H}{-\text{C}\alpha-}}\overset{}{\underset{\text{O}^-}{\text{C}}}\text{=}\overset{H}{\underset{+}{\text{N}}}\text{—}\overset{R^2}{\underset{H}{\text{C}\alpha}}\overset{\text{O}^-}{\text{C}}\text{=}\overset{+}{\underset{H}{\text{N}}}\text{—} \end{array} \right]$$

　　　ペプチド結合は，C＝OとC-Nの間の二重結合の共鳴により，
　　上記の共鳴式の右のような構造をとる。

〈6章〉

問題1　$pH = -\log_{10}[H^+] = 1$ なので，$[H^+] = 0.1\ molL^{-1}$ となる。

問題2　酸と塩基を加えても pH の変化が起こりにくい性質を持った溶液のこと。

問題3　鉄などの金属の錆びを防ぐため，鉄より酸化しやすい亜鉛などの金属を表面にコーティングする。亜鉛が鉄の酸化を防ぐため，犠牲金属と呼ばれている。

〈7章〉

問題1　$80℃ = 353K$，$50℃ = 323K$，$\left(1 - \dfrac{353}{323}\right) \times 100 = 9.3\%$

問題2　$\Delta U = Q + w$

問題3　交流は一定の周期で三角関数的にプラスとマイナス側が入れ替わる電源であり，直流はプラスとマイナス側が変化せず常に一定の電圧を与える。

問題4　電子が占有している価電子帯と空の伝導帯のエネルギー差をバンドギャップという。この違いが，半導体の物理化学的性質の違いを生み出している。

〈8章〉

問題1　皮膚が潰瘍を起こす。

問題2　特に子供の脳に対し重い障害を引き起こす。

問題3　ポリマー繊維に熱を加え，純粋な炭素にした繊維を作り，これをおよそ 10000 本程度束ね樹脂材料に浸して焼き固めたもの。

〈9章〉

問題1 ハロゲンを含むポリマーを燃焼させるとダイオキシンの発生の恐れがある。ポリエチレンはハロゲンを含有しないので，燃やしても水と二酸化炭素と熱しか発生せず，ダイオキシンの発生の懸念がない。高密度ポリエチレンは半透明で，強度が高いのでレジ袋に使われている。直鎖状低密度ポリエチレンは透明度が良く柔軟性に富む。重量物を入れる厚手の袋から真空パックなどの食品包装材まで広く使われる。

問題2 PET（polyethylene terephthalate）の構造は以下の通り。

問題3 ヒドロキシ基が極性をもつ，また水分子と水素結合を形成できるということから，親水性である。したがって，分子内にヒドロキシ基を含む合成繊維は吸水性。

〈10章〉

問題1 グリコーゲンは，グルコースが α-1,4 グリコシド結合で重合した直鎖の重合と，α-1,6 グリコシド結合によって枝分かれした重合が組み合わさった高分子である。グルコースの貯蔵体として働く。（α-1,4 グリコシド結合と α-1,6 グリコシド結合については，可能であれば詳細を成書にて学習すること。）

問題2　亜鉛はタンパク質の立体構造形成に重要である場合があり，ヒ
　　　　スチジンやシステインの側鎖に配位して，ジンクフィンガーとよ
　　　　ばれる構造を形成することが知られている。

ジンクフィンガーの一例【Thomas Splettstoesser（www.scistyle.com）】

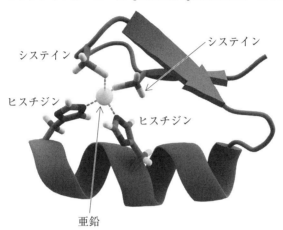

問題3　アスパルテームの構造は以下の通り。グリシンとフェニルアラ
　　　　ニンから構成される化合物である。

　　　一方，シュクロースは糖であり，アスパルテームとシュクロー
　　スの構造は全く異なる。しかし，アスパルテームもシュクロース
　　も，甘味受容体に結合し，甘味として認識される。

〈11章〉

問題1　抗インフルエンザウイルス薬のオセルタミビルはインフルエンザウイルスのノイラミニダーゼに結合し，阻害する。HIV薬（リトナビル）はHIVプロテアーゼに結合して阻害する。

問題2　遺伝子組み換え作物では，作物の改良のために目的の遺伝子をベクター等により導入する。しかし従来の品種改良ではランダムに，あるいは掛け合わせによりさまざま品種を得て，そこから好ましいものを選別する。

問題3　従来の遺伝子治療では，ベクター等により遺伝子導入を試みるが，導入の効率が悪く，またゲノムに目的の遺伝子が取り込まれる際に，どこに組み込まれるのかデザインすることが原理的に不可能である。ゲノム編集では，原理的に，ヒトのゲノム（全遺伝子，遺伝情報全体）の狙った位置に目的のDNAを導入できる。

〈12章〉

問題1　疎水基により油を取り囲み，水中に分散させていく。

問題2　光照射で生じた電子を留めておく。

問題3　電子が狭い領域に置かれたことによる量子サイズ効果と，電子と正孔が近いことによるクーロン引力による。

〈13章〉

問題1　「分配係数」は一成分，「分配比」は多成分のときに物質が水相と有機相にどれだけ溶けるかの割合である。

問題2　化学反応で生じた電子励起状態の発光種が電子基底状態へ失活する際に放出される光のこと。

問題3　分子を様々な方法によりイオンにして測定している。

〈14 章〉

問題 1　略。

問題 2　46 Bq

問題 3　（1）　2.0 g　　（2）　72 日後

問題 4　（1）　$1.00 \times 10^{-3} \times (3.00 \times 10^8)^2 = 9.00 \times 10^{13}$J

　　　　（2）　$209.9828737 - 205.9744653 - 4.0026033 = 5.8051 \times 10^{-3}$ g

　　　　（3）　$(5.8051 / 6.02 \times 10^{23}) \times 10^{-3} \times 9.00 \times 10^{13} \times 6.24 \times 10^{18}$

　　　　　　　$= 5.42 \times 10^6$ eV

　　　　（4）　$v_{He} = \dfrac{m_{Pb} v_{Pb}}{m_{He}}$

　　　　（5）　$\dfrac{1}{2} m_{Pb} v_{Pb}{}^2 : \dfrac{1}{2} m_{He} v_{He}{}^2 = m_{He} : m_{Pb} = 1 : 51.5$ より，$^{206}_{82}$Pb に

　　　　　　　0.1 MeV，$^4_2$He に 5.3 MeV

〈15 章〉

問題 1　略。図 15-1 と本文を参考にしてください。

問題 2　温室効果，氷床コア，CO_2 濃度の経年変化，産業革命を入れた
　　　　文章で解答してください。

問題 3　略（本文を復習してください）。

付 録

炭素数1～10個の直鎖アルカン

名称	分子式	示性式
メタン	CH_4	CH_4
エタン	C_2H_6	CH_3CH_3
プロパン	C_3H_8	$CH_3CH_2CH_3$
ブタン	C_4H_{10}	$CH_3CH_2CH_2CH_3$
ペンタン	C_5H_{12}	$CH_3CH_2CH_2CH_2CH_3$
ヘキサン	C_6H_{14}	$CH_3CH_2CH_2CH_2CH_2CH_3$
ヘプタン	C_7H_{16}	$CH_3CH_2CH_2CH_2CH_2CH_2CH_3$
オクタン	C_8H_{18}	$CH_3CH_2CH_2CH_2CH_2CH_2CH_2CH_3$
ノナン	C_9H_{20}	$CH_3CH_2CH_2CH_2CH_2CH_2CH_2CH_2CH_3$
デカン	$C_{10}H_{22}$	$CH_3CH_2CH_2CH_2CH_2CH_2CH_2CH_2CH_2CH_3$

倍数接頭辞

倍数	1	2	3	4	5
単置換基	mono-	di-	tri-	tetra-	penta-

枝分かれのあるアルカンの名称例

① 2-methylpentane
（2-メチルペンタン）

全体の炭素数：6個
母体の炭素数：5個
・母体名：pentane
置換基：1種類（methyl基1個）
置換基が結合する位置番号：2位

枝分かれのある炭化水素基の慣用名

isopropyl　　　isobutyl　　　*sec*-butyl　　　*tert*-butyl

isopentyl　　　neopentyl

＊枝分かれのないことを示すために，*n*-，（ノルマルと読む）と記載すること
もある

代表的な官能基とその性質

(1) ヒドロキシ基 －O－H	①O－H 結合において，酸素原子が負（δ－），水素原子が正（δ＋）に分極（極性をもつ）する ②ヒドロキシ基同士で水素結合を形成する ③アルコールは中性，フェノールは弱酸性である
(2) カルボニル基 $\underset{C}{\overset{O}{\|\|}}$	①C＝O において，酸素原子が負（δ－），炭素原子が正（δ＋）に分極する ②カルボニル基同士では水素結合を形成しない ③C＝O において，酸素原子が水素結合のプロトン受容体となる
(3) カルボキシ基 $\underset{C}{\overset{O}{\|\|}}$－O－H	①カルボニル基とヒドロキシ基を有する ②カルボキシ基同士で水素結合を形成する ③酸性である
(4) リン酸基 $-O-\underset{OH}{\overset{\overset{O}{\|\|}}{P}}-OH$	①生体内において，核酸などに存在する ②酸性である
(5) アミノ基 －NH₂	①N－H 結合において，窒素原子が負（δ－），水素原子が正（δ＋）に分極する ②アミノ基どうしで水素結合を形成する ③塩基性である
(6) アルキル基 －R	①中性無極性基である ②疎水性基であり，炭素数増加により疎水性も増加する
(7) アリール基 ⬡－R	①芳香族性を有する炭化水素基の総称である ②疎水性基である
(8) ハロゲン基	①一般に，疎水性基である ②電気陰性度の強さは，F＞Cl＞Br＞I であり，炭化水素にハロゲンを導入すると，分極が生じる

238

官能基を含む炭化水素の命名の例（アルコール）

アルコール【alkane, alkene, alkyne（e は省略）】+【ol】 炭化水素の語尾 e を ol として命名する。 　　　　　　　　　　母体の官能基：OH（アルコール） 　　　OH　　　　　　母体の炭素数：3 個 　　　|　　　　　　　→母体名：propanol H₃C - CH - CH₃　　OH 基が結合する炭素の位置番号：2 位 　　1　2　3 ＊新命名：propan-2-ol（プロパン-2-オール） 　旧命名：2-propanol（2-プロパノール） ＊2013 年 IUPAC（International Union of Pure and Applied Chemistry） 　勧告

索引

分担執筆者紹介

（執筆の章順）

三島　正規 （みしま・まさき）

・執筆章→5・9～11

1972 年	愛知県に生まれる
2001 年	奈良先端科学技術大学院大学バイオサイエンス研究科博士後期課程修了
現在	東京薬科大学教授・博士（バイオサイエンス）
専攻	構造生物学・NMR 法
主な著書	基礎から学ぶ有機化学（共著　朝倉書店）

藤野　竜也 （ふじの・たつや）

・執筆章→6～8・12・13

1969 年	埼玉県に生まれる
1998 年	東京工業大学大学院総合理工学研究科博士課程修了
現在	東洋大学教授・博士（理学）
専攻	物理化学・分析化学
主な著書	生命科学のための分析化学（化学同人）

編著者紹介

橋本　健朗 (はしもと・けんろう)

・執筆章→1 ～ 4 ・ 7 ・14 ・15

1962 年　新潟県に生まれる
1989 年　慶応義塾大学大学院理工学研究科化学専攻博士後期課程
　　　　修了
現在　　放送大学教授・理学博士
専攻　　理論化学・計算化学・物理化学
主な著書　橋本健朗，化学結合論—分子の構造と機能（1 - 6，8 章）
　　　　（放送大学教育振興会）
　　　　橋本健朗，安池智一，量子化学（3 -11 章）（放送大学
　　　　教育振興会）
　　　　橋本健朗，理論計算によるクラスター研究：構造と電子
　　　　状態（先端化学シリーズⅣ（理論・計算化学，クラス
　　　　ター，スペースケミストリー））日本化学会編，丸善，
　　　　pp.134-139. 2003 年
　　　　Kiyokazu Fuke, Kenro Hashimoto and Ryozo Takasu,
　　　　Solvation of Sodium Atom and Aggregates in Ammonia
　　　　Clusters, In M. Duncun ed. Vol.5, Elsevier, 2001, 1-37,
　　　　Amsterdam.
　　　　Kiyokazu Fuke, Kenro Hashimoto and Suehiro Iwata,
　　　　Structures, Spectroscopies and Reactions of Atomic
　　　　Ions With Water Clusters, In I. Prigogine and S. A. Rice
　　　　eds. Advances in Chemical Physics, Vol.110, Chapter 7,
　　　　pp.431-523（1999）.

放送大学教材　1760149-1-2211（ラジオ）

改訂版　現代を生きるための化学

発　行　2022 年 3 月 20 日　第 1 刷
編著者　橋本健朗
発行所　一般財団法人　放送大学教育振興会
　　　　〒 105-0001　東京都港区虎ノ門 1-14-1　郵政福祉琴平ビル
　　　　電話　03（3502）2750

市販用は放送大学教材と同じ内容です。定価はカバーに表示してあります。
落丁本・乱丁本はお取り替えいたします。

Printed in Japan　ISBN978-4-595-32356-0　C1343